建筑的思考：设计的过程和预期洞察力

U0254031

国外建筑理论译丛

建筑的思考：设计的过程和预期洞察力

[美] 迈克尔·布劳恩 著

蔡凯臻 徐 伟 译

中国建筑工业出版社

著作权合同登记图字：01—2005—1802 号

图书在版编目（CIP）数据

建筑的思考：设计的过程和预期洞察力／（美）布劳恩著；
蔡凯臻，徐伟译 . —北京：中国建筑工业出版社，2006
（国外建筑理论译丛）
ISBN 978—7—112—08789—1

Ⅰ.建... Ⅱ.①布... ②蔡... ③徐... Ⅲ.建筑设计-
理论 Ⅳ.TU201

中国版本图书馆 CIP 数据核字（2006）第 116876 号

本书由英国 Elsevier 出版社授权翻译出版

责任编辑：程素荣
责任设计：董建平
责任校对：邵鸣军　张　虹

国外建筑理论译丛
建筑的思考：设计的过程和预期洞察力
[美] 迈克尔·布劳恩　著
　　蔡凯臻　徐　伟　译
　　＊
中国建筑工业出版社出版、发行（北京西郊百万庄）
各地新华书店、建筑书店经销
北京嘉泰利德公司制版
北京云浩印刷有限责任公司印刷
　　＊
开本：787×1092 毫米　1/16　印张：10¼　字数：250 千字
2007 年 11 月第一版　2012 年 2 月第二次印刷
定价：36.00 元
ISBN 978—7—112—08789—1
　　　　（21750）
版权所有　翻印必究
如有印装质量问题，可寄本社退换
（邮政编码 100037）

目　录

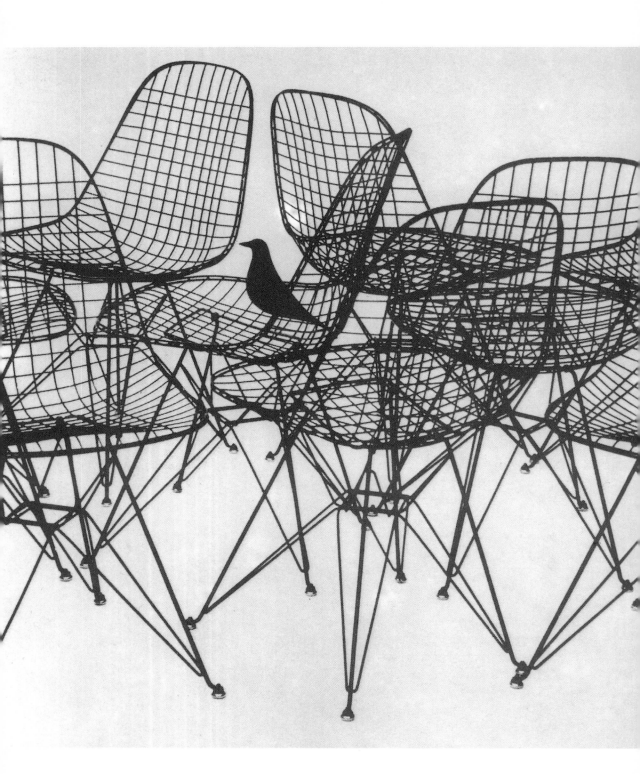

导言

建筑的思考主要是非言语的思考，这是一种非常重要的智慧，因为我们日常的思考大多都是用言语表达的。我们习惯于运用词语，特别是在有意识地进行交流的时候；而在下意识地交流的层面上，普遍使用身体语言。教育加强了这种方式。更进一步，如果排除语言的方式，一种平和的争论实质上是不可能进行的；我无法通过非言语的方式，比如通过图纸，表明本书中的观点。

然而，作为正常的建筑活动的组成部分，建筑师必然通过这样或那样的方式与图纸产生关联，并且以非言语的方式持续思考是他们建筑学活动的一部分。在设计阶段（也是建筑师的影响力最大的阶段），视觉形象的思考特别重要。普遍认为，使建筑师区别于建造活动中的其他相关人员的活动是设想和记录空间组织构成。这并不意味着建筑师在非言语思考方面具有垄断地位。显而易见，音乐家、画家、雕塑家、工程师、产品设计师、图画设计师、各种手工艺者、电影制作者、某些科学家和许多其他人员惯常地进行形象思维。对笛卡儿（Descartes）[1]的名言进行一定的修改，说"我以非言语的方式进行思考，故我是建筑师"，仍然也是有可行的。

然而，令人感到惊讶的是，对于哲学家和其他人，以言语的方式思考是数个世纪以来论争的主体，却极大地忽视了非言语的方式的思考。在某些方面，运用词语来讨论一种不使用词语的活动，似乎是不可能的，或者至少是不合逻辑的。不可否认，这是非常困难的，但不能因为困难就对其置之不理；亦非必然地认为能够做出明确的表述。毕竟，语言哲学家也并未给出毫无争议的答案。

在被问道："你对'设计'的定义是什么？"的时候，查尔斯·埃姆斯（Charles Eames）（建筑师、家具设计师、电影制作者、展览设计师）答道："安排各种要素，以最好地达到一个特定目标的一个计划"。（纽哈特，纽哈特和埃姆斯，1989年，P14）这一定义更多地强调最终的成果，而较少关注获得这一成果的过程。然而，这恰恰暗示着设计总是关注于某些未来的事件；暗示着在一个特定的时段，以不论何种合适而且可用手段，来试着预示这一事件。一张图纸、一个模型、一部电子仿

左图
查尔斯和雷·埃姆斯（Charles & Ray Eames），以"埃菲尔铁塔"为基座的无衬垫金属丝网椅；黑鸟是一件早期的美国民间艺术品

---

1 笛卡儿，1596~1650年，法国数学家、哲学家，因将笛卡儿坐标体系公式化而被认为是解析几何之父。

真设施。它其实是一部预言书。如前所述，在建筑学中，形象思维总是必然出现的。

当然，如同专注于以言语方式思考一般，以形象思维的方式探寻过程中，也会出现对未来事件的预言。一些预言会产生出广义上的设计形式。对于建筑学之外的更广泛的行为活动而言，在建筑学中发生的事具有重要意义。

因此，我认为已经引起了广泛兴趣的相应的问题是：我们如何从过去及现在得到对未来的预见。而且，尽管我们知道结果随时间而变化，我们仍然要问这一过程（特别是设计的过程）是否也会随历史发展而变化。如果某些普遍的模式既随着时间的流逝而产生，又会在个体之间产生，那么我们至少更加接近于对这一过程的试验性阐释；更接近于一种理论。

对于理论的兴趣既非新奇事物，亦非个人癖好。由汉诺－沃尔特·克鲁夫特（Hanno-Walter Kruft）撰写的一部权威著作《建筑理论史——从维特鲁威到现在》（A History of Architectural Theory from Vitruvius to the Present，1985 年德文第 1 版，1994 年英文第 1 版）由 609 页密排文字构成。该书的大部分篇章涉及诸如风格分析的历史学内容，而另一个重要部分是专注于规范性的、而非阐释性的理论。维特鲁威是一个相关的佐证。在向给他发放养老金的奥古斯都皇帝[2]进献的著作中，他写道：

"关于未来，您如此关注公共和私人的房屋，以至他们对应着我们历史的伟大，并将成为未来时代的纪念。我已经提供了详尽的论述，以便您自己以其为参考，了解关于已经完成或将要开始的工作的信息。在下面的著作中，我已经对一个完整的建筑系统进行了详细的说明。"（维特鲁威，1983 年，P5）

所谓体系，很大程度上是一部关于"怎样去做"的手册；然而，理论并不是规则的集合。尽管用途显著，在公元前 1 世纪末期出版后，《十书》（Ten Books）几乎未被关注。然而这并不妨碍在 1000 年之后，该书成为关于建筑的最具影响力的著作之一。对最终成果的同样重要的兴趣可以归因于 20 世纪中期未来主义和新陈代谢派的宣言和声明。

这种对于设计活动的讨论的缺乏是令人惊讶的，也是令人遗憾的。

2　奥古斯都，罗马帝国第一任皇帝（公元前 27 年—公元 14 年），于公元前 27 年称帝。

然而，在一部文选——《1968 年以来的建筑理论》中撰写文章的 59 位建筑师、评论家和历史学家之中一部分人，为了一部最近的出版物，为这一主题专门开辟了大量空间（海斯 Hays，2000 年）。

只有在少数的期刊中，这一主题才受到大量关注（班福德 Bamford，2002 年，P245）。与本书不同的是，其兴趣在于设计的必要性和本源性活动的建筑理论。而正是设计决定最终的结果；但是，应当牢记的是，设计总是产生于某一特定的时期。

时代／时间

班尼斯特·弗莱彻爵士 (Sir Banister Fletcher) 的《比较法建筑史》(A History of Architecture on the Comparative Method) 的第11版出版于1943年，(在大约5年后，我的学生买了一本旧书)，该书并没有收录慕尼黑的巴塔萨·纽曼 (Balthasar Neumann) 的维森海里根 (Vierzehnheiligen) 教堂和阿萨姆 (Assam) 兄弟的圣约翰内斯 (S.Johannes Nepomuk) 教堂，作为德国南部巴洛克时期的两个不同寻常的实例。显然，从1896年的第1版起，这些建筑被认为没有足够的收录价值。1996年的第20版和百周年纪念版既描述了这两座教堂，同时还专门配置了插图。较早的版本也明显区分了两个不寻常的标志性差异：源自于历史上埃及和地中海的古典世界的风格，以及囊括了非欧洲建筑的非历史主义风格。最新版并未作明显的区分，而是采取了一种更为全局化的视角。这一处理方式上的变化，不仅归功于艺术史，同样也归功于政治，以及对于市场在何处的关注。

所有的建筑都具有与其外观深刻地关联着的含义。这确实被当作一条公理。但是在不同的时代，对于外观的解读也不尽相同，而且在某种意义上，这取决于我们想要看到什么、我们的眼睛期望它展现什么。

在1938～1939年，西格菲尔德·吉迪翁 (Sigfried Giedion) 在哈佛大学查尔斯·埃利奥特·诺顿[1] (Charles Eliot Norton) 讲座上演讲，这篇演讲后来刊登在他影响极大的著作《空间·时间·建筑：一种新传统的成长》中。1954年的第3版和增补版对于建筑和城市规划两方面中的巴洛克式建筑风格给予了相当多的强调。突出介绍了弗朗西斯科·博洛米尼 (Francesco Borromini)、瓜里诺·瓜里尼 (Guarino Guarini) 和巴塔萨·纽曼 (Balthasar Neumann)。例如，在讨论维森海里根教堂时，讨论了对于曲面上的明亮光线的控制，以及建筑、结构和装饰的关系等方面问题。然而，正像其他来自于巴洛克式建筑的实例一样，它被收录其中的主要原因是存在着一种设计上的自由和对于非欧几里得几何性质的开发利用。

吉迪翁试图运用这些属性来为他所认为的当代建筑最重要的特征提供历史上的支持。另一方面，查尔斯·埃姆斯（在《空间·时间·建筑》

左图
巴塔萨·纽曼，朝圣教堂，维森海里根 (Vierzehnheiligen)，德国，1743～1772年，内部东望视景

---

1 查尔斯·埃利奥特·诺顿，1827～1908年，美国教育家、作家和编辑。

第3版出版的同一年为维森海里根和奥托博伊伦Ottobeuren拍摄图片的摄影师）几乎专门关注在一个快速序列中所看到的建筑和雕塑上的细部。影片《德国1955年的两座巴洛克式教堂》通过将296张幻灯片转换成胶片而制成。因此，在某种程度上，通过埃姆斯所选择的信息交流技术，表现了观看快速连接中的特写图像的体验。因此，我们如何交流似乎也多少会影响最终的成果。同样，当我们绘图时（不论手绘还是用计算机绘图），我们预期之眼光似乎在起作用，而且反过来它也受到我们和其他人所绘制的图纸的影响。

建筑从来就不只是一件将材料互相堆积而建造房屋的事情，而是以随着历史而变化的思想为基础，对那些材料进行深思熟虑的处理。在这些思想中，具有影响力的将是当时普遍认为是创新和连续的观念。这些观念很可能影响最终的视觉结果，即造成对我们的感官最直接和最快速印象，但绝不只是重要印象。不论对错与否，它导致了最直接的判断。

这篇文章的重要主题之一是思想、建筑学和我们期望看到的成果之间的关系。选择这一主题的原因是：在我们如何创造建筑中，思想与选择起到关键作用；事实上，数个世纪以来思想与选择都是这样影响着我们的，并且直到今天仍是如此。因而这影响了我们所有的人，从结果看，在大的关系上看，也是确切地影响了我们的。

本书关注的焦点是建筑学，特别是与设计过程完全交织在一起的概念的形成方面的内容。当然，最终我们将涉及对设计成果的理解。然而，二者是不同的：我们认为地球是曲面的，但在我们眼中它是平面的（除非我们是宇航员）。以一种不同却有关联的方法，我们构想一个平面，然后解读它，而后我们看到了空间，最终以眼睛之所见来验证。而回忆眼睛之所见，影响了随后的概念构想。这必然是一个循环的过程。

两座神庙

在尼姆[1]的剧院广场（the Place de la Comédie）上，面向卡里神庙，矗立着由诺曼·福斯特事务所设计的卡里艺术馆。这一神庙大概可以追溯到公元一世纪，是保存最完好的罗马神庙之一。如果在艺术史的记录中对其进行描述，它是一座矗立于基座上的（前后各有6根柱子）周边列柱式科林斯神庙。它用石灰石建造，并具有瓦屋面。卡里艺术馆建成于1993年，提供艺术画廊、图书馆、屋顶餐厅和一个具有极强统治地位的运动空间。它主要用混凝土、钢材、玻璃建造。在功能、材料和年代上，这两座建筑之间显然存在很大差别。在维埃纳[2]、里昂[3]南部和达尔马提亚海岸上的普拉[4]，会发现与卡里神庙非常相似的罗马神庙。在相当长的时间跨度内，罗马帝国境内修建的神庙只是略有差别。当我们看到一座罗马神庙的时候，并不需要非常专业的知识就能辨认出来。看起来，罗马神庙属于那种覆盖长期的时间跨度而且较少关注地方特点的建筑传统。在罗马和英格兰西南部的巴斯[5]的两座神庙之间的区别要远远少于二者之间的相似性。例如，在罗马的安东尼和福斯蒂娜神庙与100年之后的卡里神庙非常相近。连续性和微小的变化是显著的特点。

诺曼·福斯特更大规模的建筑与其1990~1995年间的克兰菲尔德大学图书馆具有明确的相似性，但与其后来的剑桥大学法律系图书馆几乎没有任何相似性。同样，在尼姆存在着对于福斯特更早的诺维奇外围东英格兰大学塞恩斯伯里视觉艺术中心（1978年）的某些摹仿，然而，极少有人会认为他后来的建筑类似于卡里艺术馆。创新被赋予比连续性更优先的地位。有证据表明，诺曼·福斯特事务所创造的一系列建筑之间的差异比一个多世纪中在欧洲和北非建造的罗马神庙之间的差异更大。例如，有人坚持认为，"如果有基础的尺寸，即使地面上已无遗存，若干片断就能使一个受过专门训练的调查者能够按照神庙的主要特征确

1　尼姆，法国南部城市。

2　维埃纳，法国中部偏西南的一条大约349公里（217英里）长的河，它主要是向西北流向卢瓦尔河。

3　里昂，法国中东部城市，位于罗纳河与塞纳河交汇处玛亢的南部。始建于公元前43年，当时是罗马帝国的殖民地。

4　普拉，南斯拉夫西北部城市，濒临亚德里亚海。

5　巴斯，英格兰西南部市镇，在布里斯托尔港的东南面，疗养胜地，以其乔治王朝的建筑和公元1世纪古罗马人开凿的温泉浴场而闻名于世。

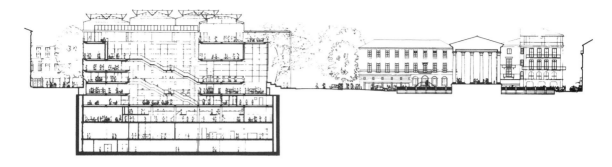

上图
诺曼·福斯特事务所，
卡里艺术馆，尼姆，法
国1984～1993年；通
过建筑和广场看到卡
里神庙的剖面

切地重建"（罗伯逊Robertson，1943年，P2）。由于其几乎不变的形式的重复，这种神庙的重建（而不是其他建筑类型的重建）是惟一可能的。

卡里艺术馆设计的决定因素源自于广场对面邻近的众多古典建筑。这些因素中的首要因素是使新建建筑的屋顶尽可能低矮。这导致了相当可观的土方开挖量；地下比地上的工程更大。图书馆和其他设施被设置于街道标高以下，这反过来影响开敞的中心核设计，这一中心核具有玻璃楼梯间，使白天的阳光可以渗透到下面的楼层。这种明亮的中心空间现在成为该建筑令人难忘的特征之一。

外形上，与卡里神庙相似，卡里艺术馆具有一个由列柱组成的围廊。它也是建造于一个基座之上。尽管在外观和内涵上，两座建筑存在明显的差异，但可以说他们是有相同韵律的。对于原有建筑和天际轮廓线的尊重并非偶然因素，而是一种被建筑师充分证实的深思熟虑的设计行为（福斯特，1996年，P22）。

我们确信，希腊神庙依据其与确定的景观特征之间的关系，而且特别是与山体轮廓线的关系来选址（斯库利Scully，1962年）。在外部环境和建筑之间、在自然和上帝的物质化身之间存在着一种对话。然而，希腊和罗马的神庙都不因地点变化而改变其基本的建筑形式。看起来，我们应当根据地点而改变的观念（当前是一个普遍接受的规范）似乎无关紧要。然而，就此而言，在那个时代或现在，没有人会认为罗马神庙因其普遍的相似性而缺乏视觉上的吸引力。

如果我们接受这种观念——建筑是以思想观念为基础的对空间和材料的深思熟虑的处理，那么许多推论就会接踵而至。其中的一个推论可能会是：揭示某些影响设计的说明性观念；进而试图对这些观念加以分类，就可能阐明我们对设计过程的理解。这一理解随后可能会对建筑实践和建筑教学产生影响。

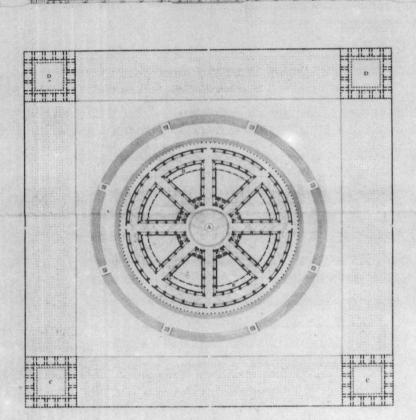

A . Bibliothèque   C . Logements des Bibliothécaires.
B . Manuscrits, Medailles, &c.   D . Imprimerie, Depots &c.

Gravé par C Normand.

我们能够描述如何设计吗？

对于这一问题，最初的和冲动的回答是"不能"。我们相信，设计是一种不可思议的和独特的活动，是难以形容的；而且恰恰是不能进行解析的。人类的许多活动都是如此，但我们并不能直接断定它们是无法描述的。例如，大部分人口从事于某些经济活动。对于那些活动的根本性描述（关于其基本结构的）可能不会被认同，但是自由市场的支持者和马克思主义者坚持认为一个理论－一种阐释－可能（也许必然）存在。甚至有人认为，经济活动的行为方式将在很大程度上依赖于那种被认为具有可实施性的理论。理论和实践不是毫无关联的问题。

如果加以类比的话，设计理论真的存在吗？在假定并不存在一种包罗万象的理论（这一理论能够充分地解释设计过程）的前提下，往往同时并用多种"理论"。在此，"理论"并不意味着实践的对立面，而是具有阐释的意义，在自然科学中通常被用来描述一系列相关的现象。

在这一阶段，明晰设计理论和设计方法论之间的区别是非常重要的。至少在最初，理论是一种非规范式的阐释，人们眼中的建筑学的目标并不存在。而在另一方面，设计方法论描述了特定的操作，人们认为这些操作有益于设计过程。这些操作可能包括原型、流程图和头脑风暴。然而，这些只是工具，人们可以加以使用，但它们既不是必需的，也不是对于设计过程自身的分析。设计理论与设计的评判毫无关系，这是一个令人望而生畏的话题，隐藏着许多陷阱，而且在任何情况下，都不像人是可能以一种富有意义的方式来讨论。

对于建筑学（或者其他设计学科）的设计理论的验证恰恰提供了对设计过程如何进行的描述性阐释。阐释必须充分地具有普遍意义，以便可以包容大量的实例，并很好地符合我们设计中实际采用的方式，或（至少）符合于我们思考及设计的方式。

更进一步，验证可能受到我们对创新和连续所持观点的影响。例如，如果我们是传统主义者，我们可能会支持一种阐释性理论，因为它强烈地支持连续性，而以不利于创新为代价。因此，我们的验证就是不可能不受主观价值判断影响的。

看起来，在几个世纪中，设计矗立于罗马帝国各处的神庙的建筑师们的工作基础是，相信一种形态是仅在狭小范围内变化的类型。直到很久以后，在1800年J·N·L·杜兰德发表《古代和现代：建筑形式比

左图
J-N-L·杜兰德（J-N-L Durand），巴黎理工学校《简明建筑学教程》(*Précis des leçonsd'architecture*)，1802年和1805年，第10版

较大全》（a Compendium & Parallel of ancient & Modern Buildings, the Recueil），以及 1802 年到 1805 年间他发表《巴黎理工学校简明建筑学教程》的时候，这一观念才被正式赋予理论基础。两部著作都认为存在建筑类型，并承认这些类型具有能为公共知晓的形态。著作按照不同的标题列举了这些类型（市政厅、角斗场、剧院），而这些设计现在都因其均衡对称的新古典主义外观而闻名。建筑的分类被看作是植物和动物的分类的一种合理的类比，而植物与动物的分类产生于 18 世纪，并在科学上已被证明是极富成果的。

例如，在瑞典，林耐（Linaeus）[1]（1707～1778 年）创建了一种植物分类法，这是将给自然界的一部分带来某种系统化秩序的第一次重要尝试。这一分类系统被证明是极为有用的，而且直到今天仍然被应用。如果像研究植物一样庞杂的研究领域能够根据一种易于理解的系统秩序化，难道对于建筑就不能得出一种相似的系统吗？林耐将他的分类方法建立在植物花朵形状的基础之上，杜兰德发表的著作则根据功能对建筑加以分类。然而，这一生物分类学（像许多运用于建筑学的类比一样）存在着自身的危险因素。物种的存在，以及认为它们是独特而可识别的存在物的观点都依赖于它们不断对自身进行复制的事实，依赖于一个"无变化的复制"过程。我们辩别区分天鹅与鹅，因为每一个物种都十分忠实地复制其自身独有的特征。具有争议的是，罗马神庙具有同等程度的可识别性，并因此能够与其他建筑类型相互区别。为表演艺术修建的建筑可能会在平面和剖面上表现出形态上的相似性，这使它们易于识别。然而，关于类型的理论，关于类型学的理论，未必能够应用于多数建筑。似乎这一理论的应用是有限的，尽管在过去的 50 年中，在阿尔多·罗西和罗伯·克里尔的著作中已经建立了对类型学的重大支持。二者都将其观点建立在认为传统（也就是 20 世纪之前）欧洲城市中心以及空间和建筑产生于类型的基础之上，而不是产生于功能的基础之上。必须强调的是，其有限的应用并不会导致其失效；它仅仅意味着我们有理去找寻可能具有更大效用的其他理论。

杜兰德以建筑的功能作为分类的重要的特征的事实可能不是偶然的。我们根据建筑其目的而不同来辩别它们，而且日常生活中就可以看到它们之间的差异。这是最为显而易见的分类。然而，所假设的是这一系统性的秩序化，将会让我们以已经发现的类型作为基础，设计未来的

1　林耐（Linnaeus，1707～1778 年），瑞典植物学家、冒险家，首先构想出定义生物属种的原则，并创造出统一的生物命名系统。

解决方案；所假设的是结果依赖于对重要特征的复制。

形式源自于建筑所要满足的功能，而这些建筑功能可以被详细分类，这一观念的根基是决定论[2]。然而，在其功能主义的外衣下，决定论却有大量逻辑上的问题。第一个问题是任何一组功能标准－言语上的标准或数字上的标准都必须予以表达，而不是简单地描述一种解决方案。如果解决方案已经出现，就不需列举标准。第二个难点是，建立一系列言语及数字的表述与一系列形式之间的直接对应，如果不是不可能的，也是极为困难的。惟一可能的是，如果形式存在的话，我们就简单地以言语和数字描述已知的形式；这样我们就又回到了第一个问题。

第三个难点（也是同样重要的）是，我们从来就无法确信我们已经列举了可以作为解决方案基础的全部标准。我们已经选择了最为重要的标准，这意味着立即引出一整套价值的评判和由什么来决定哪个是最重要的以及我们怎样确定什么是重要的问题。理论并不像它最初表现出来的那样具有中立的特征。

关于受到关注的决定论的所有方面，存在着一个普遍的问题：自由意志[3]真的存在吗？在功能主义中，一种表现为：我们有任何视觉上的选择吗？如果我们认为建筑设计产生于任务书中由业主和社会建立的，同时源自于一种文化内部存的一系列要点，那么如果这些要点被彻底解析和理解的话，只会产生一个、也只有一个解决方案。在我们允许个性化选择的时刻，理论的根基也就被破坏了。从最为粗略的观察和个人化的体验中，我们知道我们正在持续地做出视觉形象上的选择，这些选择与任务书绝对没有任何关系。它们有完全不同的起源。拒绝这些起源，及将所有视觉上的选择贴上"功能主义"标签，是对实际经验的否认；而且试图建立某些理性主义的形式，它们是不真实的，并令人怀疑的。

对于建筑上的运用，类型学和功能主义都具有自身的根源。即使风格最终成为这两种理论与其他理论相区别的要素，二者都未涉及到外观。尽管两种设计理论具有相同的根源，却导致相反的结果：类型学偏向连续性，功能主义更可能导向创新，它甚至贬低连续性。显而易见的

2　决定论：是一个哲学论点，即所有事件不可避免地是以前所发生的事件的必然后果。在伦理学及心理学方面，决定论通常与否定自由意志（free will）相关。

3　自由意志：自由意志问题与理性动因设想或真正地运作有关，与其对于自身行为及决定的控制有关。谈论这个问题，需要理解自由意志与因果关系之间的联系，以及理解由自然法则决定这样或不这样，这是因果决定论。不同的哲学出发点导致在事件是否决定性地发生上有所不同－决定论相对于非决定论，以及自由意志是否与决定论同存－兼容主义相对于不相容主义。例如，强决定论者认为宇宙是决定性的，不可能存在自由意志。

是，理论不只是对设计过程的阐释，而且能够（也经常能够）让特定的价值具体化。

类型学和功能主义根本上源自于自然科学；源自于建筑学之外。有种观点认为，存在着一种建筑语言，其操作基础贯穿于理解过去建筑的一种外显的"语法"之中，这是最近的理论进展，我们将之归功于加利福尼亚大学伯克利分校的克里斯托弗·亚历山大（Christopher Alexander）。在1977年，克里斯托弗·亚历山大和其他人一起提出了《模式语言》（A Patlern Language），这是一个系列丛书的第二本，这一系列丛书的第一本是《建筑的永恒之道》（The Timeless way of Building）。它囊括了253种模式，每一种模式都定义了某些"环境的原子"，在尺度上涵盖了从自治区域、城镇分区到装饰和家具的范围。每一种模式都意味着一种特定的建议、一种建筑上的解答，它们被认为是经过对问题的解析而得出的正确结果。书中暗示了各种解答的最终结合，而不是对其进行详细的规定。在两部著作中的实例非常强烈地表明在传统的本土建筑中将会找到建筑的永恒之道。因此，给人的强烈印象是，连续性将会创造出对于社会最为恰当的建筑，而变化则不会。

随之出现的不可避免的疑虑之一就是语言中的语法规则是客观存在的，并且事实上是从语言中萃取出来的，它用于提供句子结构的规则。由于语法提供了句子生成规则，却并不涉及任何内容，另一种不安也随之产生：甚至一个毫无意义的句子也可能合乎语法。然而，亚历山大和他的合作者提出的主张是他们已经设计了一套语法规则。通过与模式一起列举的实例来进行判断，似乎在过去的建筑中，语法规则是十分明显的，而且任何创新都不太可能遵守这一规则。

很明显，任何一幢单体建筑将不会只从下列253种模式中的某一单个模式中发展而来。因此，必须正确判断应当选择和运用哪一种模式。在某种程度上，一种米其林星级系统（a Michelin type star system）（由亚历山大设计的），都将有助于此，并且事实上，每一种模式开始和终结于网络中相关的一系列其他模式。

在理论中蕴含的假设是：一种设计可以由"环境的原子"聚集而成，而不是发端于一种整体的观念，例如就像在类型学中的那样。这种逐步累加形成的设计对于直觉的飞跃少有帮助。

在某种意义上说，在这些理论中出现的一系列建筑难题，他们所提出的建议与我们相信我们设计或我们采纳的方法背道而驰，正像我们知道的那样，这些建议所产生的建筑不可能解决创造建筑的问题。另外还存在着非常严重的逻辑问题，例如珍妮特·戴利（Janet Daley）———一位哲学家，1967年在朴次茅斯召开的座谈会上的发言（戴利，1969年，P71-76）。由于其相互之间的矛盾和对于语言的误用，她将其"非常尖刻的斥责"（她的原话）的目标直指行为学派[4]和亚历山大的模式语言，她非常严厉地批评行为学派，因为行为学派的假设前提是不受主观价值判断影响；她还严厉地批评模式语言，因为模式语言相信自身能够建立公正的标准。看起来，二者都不是一种以充分的说明而被遵循或被运用的可靠理论。

这三种简要论述的理论最初起源于建筑学之外。也许我们应当在建筑学范围之内来找寻理论，因为这些理论可能会被证明是更为适用的。有两种理论需要考虑，这一点是有争议的：通用空间理论和服侍与被服侍空间理论。前者与密斯·凡·德·罗有关，后者与路易斯·康有关。然而，这两种理论都受到它们在描述性与说明性上均等的弱点的影响：它们更多地告诉我们应当做什么，而不是解释在设计时，我们实际在做什么。

类型学、功能主义和模式语言都已经蕴涵了一个基本观念，它是指在设计决策中，准确了解一座建筑未来的用途将是非常有益的；事实上，甚至在开始设计之前，它可能都是必需的。通用的或无个性的空间发端于与此相反的假设，即我们不可能了解使用功能的全部的方方面面，而且，无论怎样，这些用途都会随着时间流逝而发生变化。因此就需要匀质空间，在这些匀质空间内，只要微小的调整，就可以发生大量的活动。我们设计一个整体，而不是分析最微小的原子组成单位。

但是，真的存在匀质空间这样的事情吗？如果我们列举出密斯在1950～1956年间的克朗楼（Crown Hall）（建筑、城市和区域规划系的大楼，也是在芝加哥的伊利诺伊工学院校园内设计学院的大楼）的开敞楼层为例，立刻显而易见的是，我们面对一个非常巨大的空间。无柱的大空间平面尺寸为220ft × 120ft（67m × 36.5m），而且仅仅被两个服侍性的内核所阻隔。独立的非承重分隔可以被设置于任何地方。密斯谈到克朗楼时说："我认为这是我们已经做到的最为清晰的结构，也是我们哲学观念的最好表达。"然而，它几乎不能算是匀质空间，接近于玻璃边界的部分与中间的部分存在很大的差异。

为了克服这一缺陷，许多建筑（特别是工业厂房）用不透明的墙体替代玻璃窗，并且将阳光排斥在外面，或是只允许被加以高度控制的光线穿过屋顶。这可能解决了一个问题，但却轻易地制造了许多其他问

4　行为学派，行为科学主义心理学的一个流派，着重研究行为中可以观察到的、可以量化的方面（对刺激的反应），排除感情或动机等主观因素。

题：向外部的视景、对光线和阳光的感觉、与外部的联系，全部都被取消了。阿尔多·凡·埃克（Aldo van Eyck）创造了一句名言："适合于每一只手的手套，也就不能适合于任何一只手"，这是一种描述这一二难推论（dilemma）的方式，但是并没有提供一种解决方案。

事实上密斯并未完全实现他的目标（无论如何，一些小而特殊的房间的整体排列在半地下室），但这并不会贬低他作为建筑师的伟大之处和克朗楼的重要性。它只是表明，即使一位伟大的建筑师，也无法在实践中应用理论上的假设。

考虑到 20 世纪后半叶，服侍性空间在许多建筑（而且不只是实验室）中具有持续增长的重要性，并且在总成本中的所占比例也持续增长，康的范畴可能并不令人惊讶。人们猜想，创造比当时建筑界流行的形式所具备的、更大的表现能力，支持了对于这两种类型的特有的强调。形式的生成是理性的。尽管受到了普遍的关注，康还是强烈反对一次访谈中的这一结论，而且强调了对于特定空间，建筑师的态度和工程师的使用之间的差别。

　　"我已经对理查兹实验楼进行了说明。我已经说过，'这些通风管道是独立的排气装置'。现在它们正在被当作展品。我不愿认为是这么回事。它们也并不值得如此。对于确定的辅助装置而言，这些管道是普遍性的单元，不需要知道它们是什么。我并没有用排风管道制造珍稀之物。它们是简单的，但并不普通。以最广义概念上的方式，我感受和理解设备的差别，但我并不知道每一个机械上的细节。首先，我并不完全了解设备。我不能将一个与另一个区别开来。所以我将它们全部放置于一个很大废物箱中，而那就是排气管道。但把它拉出来，变成一个深海怪物，这太荒谬可笑了！"

　　"让我以另一种方式来处理吧。你居住的空间会是美丽的，特别是，如果完全解除所有其他事物对它造成的束缚的话。我不认为一间起居室里的管道有什么意思。我讨厌它们。我认为他们应当像孩子一样呆在各自位置上。我想保持不了解机械学如何发挥实际效用的状态。对于机械及结构工程师的限制，对于非常琐碎的东西如何工作的细节，我会感到很不耐烦。但是我认为我知道它的'位置'。我想表现那些值得表现的和那些逐渐具有特定个性的东西。当一个与另一个东西具有明显特性上的区别的时候，我并不想制造二者的均质混合物。我想表现这种差别。但是我很少会在意是一个管道向东，还是另一个管道向西。我并不想用管道来制造一个特定

左图
路易斯·康，宾夕法尼
亚大学理查德兹医学
研究实验室，宾夕法
尼亚，1957–1960年，
南立面，1959年

的特征，因为我知道机械设备将会是第一个发生转变或改变的东
西；但是你居住的空间一定会在很长的时间段内发挥其作用。空间
是一个新的景致，将有与材料一样的寿命。但是服务于它的空间是
为了变化而创造的。它们的状态一定是非常一般化，而且它们必然
足够大以产生变化和累加。真正意义上，这才是建筑的本质。它并
未赋予服侍者一种单独的形态。"（沃尔曼 Wurman，1986 年，P205）

在康看来，区分服侍空间与被服侍空间是今日的，并且是重要的
建筑秩序：

"空间秩序的概念必须拓展超越提供机械服务的容器的概念，
它应成为连接着被服侍空间的服侍空间。这将赋予空间等级富有意
义的形式。很久以前，空间用坚固的石头来建造。现在我们必须用
'中空的石材'来建造。"（拉图 Latour，1991 年，P80）

然而，对于理查兹医学实验楼，也有另一种不同的解读。在不同的时
期，康在欧洲和中东各地到处旅行。他的旅行速写记录了他的印象（约翰

---

*　参见《路易·康》，李大厦，中国建筑工业出版社，1993 年，P145，P55
*　同上，P148

逊和刘易斯，1996 年）。许多速写描绘了厚重魁伟的垂直形式；形式的坚固性和其与光线的关系，是反复出现的主题。这在 1928 年的圣吉米纳诺（San Gimignano）的塔的水彩画、1951 年的卡尔纳克（Karnak）[5] 亚蒙神庙的多柱式大厅的绘图和 1959 年的卡尔卡松（Carcassonne）[6] 或同一

左图
路易斯·康，教堂半圆形后殿的钢笔素描，圣克莱尔大教堂（Cathedral of Sainte Clare），阿尔比，法国，1959 年

5　卡尔纳克，埃及中部偏东尼罗河右岸的一个村庄，位于古底比斯的遗址上。

6　卡尔卡松，法国南部城市，位于图鲁兹东南部。旅游胜地，具有中世纪的城堡。

年阿尔比（Albi）的教堂的钢笔素描中，是显而易见的。这种在光与影中，对以圆柱构成形式的关注在他最早的一幅插图（即1926年在费城举办的150周年纪念国际展览的自由主义艺术宫主门廊的插图）中，已经是显而易见的。

康宣称，这些建筑的影响是间接的。在1971年的一次会谈中，他这样说道：

"你怎样将诸如意大利锡耶纳或是卡尔卡松这样的场地整合到你的建筑中呢？"

我并未整合。

那正是在我已经做出的声明中所缺少的观点。人们并不理解我已经说的话。我尊重卡尔卡松，并不因为它是惟一的范例。我并没有周游世界，然后选中一个东西，并说道：卡尔卡松！我总是奇遇对于我来说全新的事物，这些事物一直都在那里。

我碰巧在卡尔卡松，因而我喜欢卡尔卡松，就那么回事。人们想像我在笔记本中将它记录下来，并且随之到来的下一步工作是卡尔卡松。

卡尔卡松给我留下了深刻的印象，因为它是卡尔卡松。不是因为它是一个军用设施，只是因为它是一副清晰的图画，或是一个被很好表达的意图。

出于同样的原因，我会赞美安全别针（a safety pin）。如果我被它深深打动的话，我就会说宾夕法尼亚大学的大楼受到了安全别针的启发。然后你将会真正地感到惊奇！但是它与卡尔卡松或圣吉米纳诺，以及那些场所毫无关系。它们记录了自身的非凡，它们是人类本性的现象，而如果准确表述的话，它们会成为你所作的全部事情的范例。

梅隆中心和医学楼几乎同样多地受到卡尔卡松的启发。"

（沃尔曼，1986年，P116）

然而，以视觉形象为证据，切断康的草图与他频繁关注的坚实的塔楼形式和已建成的理查兹医学实验楼之间的关联是十分困难的。过去的建筑和现今的建筑之间的关系已经存在于实验室的初期草图中。康拒绝承认存在了一个直接的原型，但承认过去的重要性。在某种程度上，他的思想形成时期给予独创性很高的评价，以及他总想区分形式和设计、在无形的及永恒的，和有形的和特殊的之间的差异，这无疑都对其所否

认的声明有所影响。

　　因此，鉴于我们在周围持续获得的证明，消除原型在设计过程中的重要性是十分困难的。记住，康自己的建筑已经成为了其他人的原型。理查德·罗杰斯事务所设计的伦敦劳埃德大厦（1979～1984年）的平面就将被服侍空间和设置于建筑周边的服侍空间进行了区分，这十分引人注目。

　　第六种理论，正像我所提到的是最为符合要求的理论，对于原型的作用和某些先例的批判性选择给予了相当大的重视。这一理论将自己的根深植于卡尔·波普尔爵士在科学哲学领域，特别是涉及科学过程本质的那部分内容之中。在诸如《开放社会及其敌人》（Open Society & Its Enemies）（1945年）这样的书中，已经随后向社会改革的哲学基础拓展。在《建筑的形式概念》（From Idea to Building）中，我已经（布劳恩，1992年）试图详尽地讨论了这些广泛的建筑理论上的重要关系。

　　对于卡尔爵士的工作，至关重要的是，区分科学理论的标准是它们是否可能被证错。在任一特定的时代，如果我们没有能力将一个理论证错，这仅仅意味着在那个时代它是最为确证的理论；而这并不意味着它是真理。同样重要的是猜想和反驳的观念，这正是他一本书的标题；也就是我们提出假设，而且必须尽可能对其进行严密的验证和批判。波普尔提出的作为阐释科学理论形成方式的程序是：我们以对一个问题的认识为起点，然后提出假定———一种应当被验证以排除错误的尝试性理论，

终结于一个经确证的理论，而这一理论，在新一轮程序中，成为了最初
的问题。

　　尽管很明显，建筑不是一种科学研究，因为作为一个整体，建筑不
能被证错。我却仍然坚信，从问题、试验性的解决方案、消除错误、到
新问题的程序是对设计过程最为精确的描述。我相信它既对于短期的，
对于长期的设计过程而言有效。当我们设计一座建筑的时候，我们倾向
于绘制草图，并反复在上一方案基础上探究解决方案，直到我们满意
（或时间被耗尽）为止。而后，建成的建筑进入了原有建筑的谱系，并
影响了我们对于随之而来的问题的理解。当然，这一谱系不仅包括近期
的建筑，也同样包括我们所熟知的过去的建筑。

　　还应当牢记，我们不是独立于问题之外来解决问题的人；我们逐渐
认识到，问题被众多因素影响，这些因素包括：建筑的、社会的、经济
的因素。在这些影响因素中，影响较大的是风格问题，即在某一特定时
期，在视觉上需要的和可接受的风格是什么的问题。它倾向于限定可能
的原型的范围。我们的预见之眼在发挥作用。

　　我由 $P_1 \rightarrow TS \rightarrow EE \rightarrow P_2$ 的程序（问题认知、试验性解决方案、错
误消除，将会成为下一程序的问题的最为确证的方案）所提供的解释，
这并不意味着其他的理论是无效的或没有帮助的。它仅仅表明，在我看
来，波普尔式的程序最接近于我所知道的许多建筑师进行设计的方式，
而且事实上他们也表示自己就是采用了那样的方式。不同的理论也可能
适用于不同的环境。

　　例如，1960年，当勒·柯布西耶设计建造于里昂附近的拉图雷特修道
院时，他创造了一个非常重要的类型转换回归到阿陀斯山[7]（Mount Athos）
上的修道院。在1911年，他已经参观了这些建筑，并且在速写中记录下来。
这是一种从他认识到却拒绝采用的中部欧洲的修道院，到遥远的希腊东正
教修道院样板之间的转换。另一方面，很可能阿陀斯山的修道院是以一个
被接受的和必然的类型为基础，经历了数个世纪才完成了设计。

　　必须承认，对于什么是初始问题的认知，既会发生于建筑学之内，
也会发生于建筑学之外，但通常不是作为一个表明与其起源无关的建筑
学上的问题出现。因此，社会住宅可能会起源于政治上的动因，但其设
计很快就发展成为一个建筑学的问题，而且事实上，风格与政治观点通
过二者联合协作能够相结合。我们开始于一个以言语表述的问题，但很

7　阿陀斯山，位于希腊东北部，海拔约2034m（6670ft），阿陀斯山修道院社区所在地，
　　该修道院最初建于10世纪。

左图
斯塔夫洛诺基塔（St-avronokita）修道院，阿陀斯山，希腊，16 世纪

快会必然转换为非言语的思维。

　　巴克敏斯特·富勒（Buckminster Fuller）[8]以一种非常不同的方式，利用动力技术来创造轻型的－经常是可充气的－建筑，这源自于对现有建造方法的批判，和关于材料经济性的根本信念。他早先在海军的经历中采用的原型是作为一个具有自持力结构的轮船。巴克敏斯特·富勒的演讲也像一个水手关于奇异世界的传说故事。他还采用大圆航线[9]，作为

8　巴克敏斯特·富勒，1895～1983 年，美国建筑师和发明家，他力求用简单的设计将原材料和能源消耗降到最低限度。

9　大圆航线：圆球上两点之间最短的一条曲线，亦即测地线。

其测量几何学的基础。换言之，P_1 到 P_2 的次序是对一个程序、一个过程的描述，而且绝没有指示出一个特定的解决方案或强化一个出发点。简单地说，存在着一个必需的起点和一个从认识问题开始发展的序列。

然而，波普尔式（Popperian）的序列具有一个允许言语的和非言语的思维方式，在不同的阶段以不同的着重点扮演其角色的优点。在TS（验证及解决问题）阶段，即设计阶段，非言语思维可能占主导。另一方面，在功能主义中，在问题的认识阶段优先考虑言语思维方式。

这一理论中极为重要的一点是有一个内在的连续性，因为序列的不同步骤可以建筑学方式来实施，即通过图纸。我们并不依赖于语言或数字的指示与建筑成果之间的一致性。然而，这个一致性并未告诉我们任何关于内容的东西；并不必然存在一个成功的成果，建筑的诗意也不必然会开花结果。这一理论所表明的是，因为它以更早的两个先例、即对

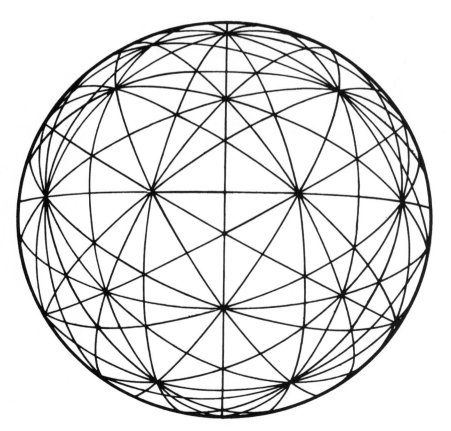

左图
巴克敏斯特·富勒为其大地测量学的穹顶所使用的几何学，表现了围绕一个中心的各向对称的1/31的巨大圆球体

于过去的了解为基础，而且同样以在接受这些样例之前对之进行尽可能严格的批判为基础，所以在连续性和创新性之间，可能具有合理的平衡点。很可能，自从亚当和夏娃在天堂中建造出来，我们并未丢弃所有的经验，但是同时，我们同样注意到新问题的出现和新的解决方法的必要性；注意到我们在一个基础性的，但却正在前进的传统之中工作。

　　任何理论都需要经受大量的检验而生存下来。在这种情况下，至关重要的是理论在何种程度上充分阐释了设计发生的方式。分析大量的建筑及认识它们的设计，我们能够对此理论进行验证。首先，我准备讨论在 1997 年完成的三座重要的建筑，它们对于建筑师和大众都产生了巨大的影响。

三座纪念性建筑

这三座被多次讨论的建筑于 1997 年完全建成：按照它们开始的年代顺序，分别是由科林斯·圣·J·威尔逊事务所设计的伦敦大不列颠图书馆、理查德·迈耶事务所设计的洛杉矶盖蒂中心和弗兰克·盖里事务所设计的毕尔巴鄂的古根海姆博物馆。

在 1962 年，科林斯·圣·J·（桑迪）·威尔逊[Colin St J.(Sandy) Wilson]和莱斯利·马丁爵士（Sir Leslie Martin）开始联合设计一座新的大英博物馆图书馆。场地是位于布卢姆斯伯里区（Bloo-msbury）[1]的大英博物馆以南，包括 1716～1731 年修建的霍克斯摩尔的圣乔治大教堂在内的区域。平面图和模型表明在一个伸展的前院两侧，都将出现巨大的矩形建筑。新建筑被厚重的柱墩环绕，多少让人想起剑桥的哈维法院（Harvey Court）以及冈维尔和加伊乌斯学院（Gonville & Caius College）的居住建筑，这也是由马丁和威尔逊在 1957～1962 年间设计的。建筑将被描述为礼仪性的，向早先的罗伯特·斯默克（Smirke）爵士设计的大英博物馆的古典柱廊致意。正像在尼姆那样，一座原有的纪念建筑发挥了影响力。

政治上的策划和发展中的遗产议案以及纲要的扩充，促成了对于另一个场地的搜寻。这一场地建立在圣潘克拉斯（Pancras）火车站西侧一片废弃的土地上。此时，出现了一个非常不同的设计，它的不同不仅仅因为它具有不同的场地，以及任务书的些许变化，而是由一个看法态度上的转变而造成的。强势的毗邻建筑是在 1865～1871 年间长期以哥特式的红砖建造的建筑，现在是乔治·吉尔伯特·斯科特爵士的圣潘克拉斯饭店和车站的街区。但是也可能有其他一些原因在产生影响。

在伦敦郡议会建筑师部门中的时候，桑迪·威尔逊在其早期被勒·柯布西耶的作品所吸引。他的住宅受到马赛公寓的极大影响。后期，他热衷于新古典主义和有机的传统，他评论这两类建筑，在柏林的邻近地块中，如何以一种令人惊奇的清晰度而相互面对，道路的一侧是密斯·凡·德·罗的国家美术馆。另一侧是汉斯·夏隆的爱乐音乐厅和国家图书馆。"在建筑世界中没有其他地方存在对于如此截然不同的两个极端以及对于这种权威性的典范的争论。"这一争论正是他的两个主要作品中的内在本质：利物浦的市民中心和伦敦的大不列颠图书馆。

市政和社会中心（Civic and Social Center）矗立在圣乔治大堂旁，由哈维·朗斯代尔·埃尔姆斯在1840～1854年间设计。它是一座墩座之上令人印象深刻的新古典纪念建筑。该中心是一个具有强烈几何感的风车状平面的设计；板状的办公室横跨等高线，建立了城市的轴线。埃尔姆斯的作品表明了他熟悉申克尔在柏林的老博物馆（1823～1830年），尤其是威尔逊极为赞赏开敞的柱廊。市政中心的设计遇到了大量的公众批评。这是一个有争议的、象征市政当局威权强大的形象，而这不再契合于公众的看法，这一时代已经过去。由于多种原因，包括资金限制，该项目最终被放弃了。

当桑迪·威尔逊转而在一块新的、较大的场地上进行大不列颠图书馆（现在已从大英博物馆中分离出来）设计的时候，夏隆比申克尔更占主导地位。正是有机传统（威尔逊称之为"另一种传统"）塑造了设计特征，特别是总体上的特征。大不列颠图书馆实际上是国家图书馆和最高图书馆，因而是一座明显具有国家意义的建筑；也许更有理由是一座纪念建筑。但纪念性与现代建筑在很多人眼中是不相配的伴侣，刘易斯·芒福德已经在1938年他的公认极具影响力的《城市文化》（The Culture of Cities）一书中写道，一个现代的纪念建筑的观念必定是一个自相矛盾的说法：如果它是一座纪念建筑，它就不是现代的，而它如果是现代的，它就不可能是一座纪念建筑（芒福德，1940年，P438）。纪念性蕴藏于芒福德和其他许多人的与古典主义相关联的观点之中，这一点也体现在最近的一些表达之中。例如以卡尔·弗雷德里西·申克尔的公共建筑作为例证的新古典主义。有人认为它与民主的建筑背道而驰。希特勒和斯皮尔[2]对于一种宏大的古典主义的盗用，恰恰加强了广泛具有的观点；启蒙教化的建筑逐渐堕落，并被诱导，使之成为法西斯式的建筑。

阿尔瓦·阿尔托，最初倡导者成为了新场地上图书馆设计的最为合适的范例。事实上，阿尔托谈到了民主和建筑，而且可能多少有点施舍的意味，他谈到了为"小人物"（little man）的建筑。自从在1927年赢得了一座当地图书馆设计竞赛之后，阿尔托已经在芬兰和德国设计了众多具有重要意义的图书馆——在维普里、沃尔夫斯堡、塞奈约基（Seinäjoki）、罗瓦涅米（Rovaniemi）——但是恰恰不是因为这些建筑的功能方面，而是其视觉外观和风格成为了（人们引用的）先例，尽管

---

2 斯皮尔·阿尔贝特，1905～1981年，德国建筑师及纳粹政治家，他曾任希特勒的私人建筑师及军备部长。

左图
阿尔瓦·阿尔托，奥泰
涅米技术学院，1955~
1964年，主礼堂顶棚

我猜想威尔逊十分讨厌这一称号。

对阿尔托的尊敬体现在其水平向的体量、斜坡屋面、红砖的运用、柱子和内部的楼梯和扶手的保护，而且在宏伟明亮的入口大厅内的绝大多数要素也回应了在奥泰涅米的大厅和1969~1973年间由艾莉萨、阿尔瓦·阿尔托和吉恩·雅克·巴鲁埃尔设计的丹麦奥尔堡的北日德兰艺术博物馆。在任何一次由桑迪·威尔逊陪同下对图书馆的参观过程中，他会经常提到他自己对于夏隆、阿尔托以及（在一个房间中）对于詹姆斯·斯特林的敬意。

桑迪·威尔逊也经常提到现在悬挂于伦敦国家美术馆中的安东尼利亚·达·墨西拿（Antonella da Messina）的《在书房中的圣哲罗姆》[3]（威尔逊，1996，P50）。15世纪后期的这一绘画表现了设置于一个巨大哥特式空间中的一座木制神龛中的圣徒。画作描绘了被他的信息资源包围的个人化空间中的一位学者的形象，他能够全神贯注于他面前的任务，但却仍然熟谙外部世界。它成为一个多次翻版复制的圣像，我曾经将它用作1970年关于图书馆的书的扉页插图；它概述了如果要将读者和书籍集合于威尔逊所谓的"特权氛围"中的话，什么将是必需的。对于阅览室中家具设计的影响是清晰可辨的。当桑迪·威尔逊在1996年

---

3 圣哲罗姆，拉丁文学家，他编写了拉丁语圣经，是第一本将圣经由希伯来文译成拉丁文的权威性著作。

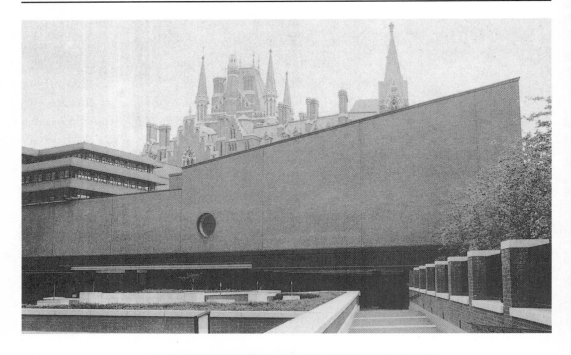

威尼斯双年展英国馆中展出其大不列颠图书馆设计的时候，他通过乔·蒂尔森（Joe Tilson）制作的圣哲罗姆雕像，作为他两倍高度的"掠夺品（spolium）"墙的中心装饰品，这是一个取自于图书馆的样本、原型和其他片断的混合。

有人认为在图书馆综合体中存在着一个元素或一种本土性的方言（福西特 Fawcett，1980年，P891）。确实，它不像阿尔托在赫尔辛基市中心的建筑：拉塔塔罗（Rautatalo）办公大楼、恩索·古特蔡特（Enzo-Gutzeit）总部或是学院书店的建筑。图书馆更类似于阿尔托在赫尔辛基边缘地带的奥泰涅米技术学院校园的设计。当只能看到其外观的时候，出现了一些对大不列颠图书馆的批评，在有机会欣赏某些内部空间的庄严氛围之前，这些批评可能部分地由于其未曾预计到的非城市性质，部分地由于其缺乏纪念性。我们所看到的东西蒙瞽了我们的期盼之眼：预期中的、源自于明显历史连续性的纪念性缺席了；考虑到对原型的熟悉，这是一种对于创新的感受能力。在50年间的评论性著述将不会面对这些困难中的任何一个，因为预期将是不同的。我们需要明白，正像我们对成果的评价一样，对于什么构成了对最初问题的认识，是由我们从事工作的时代所决定的。

洛杉矶盖蒂中心的设计和建造是令人焦虑的，但是只持续了14年，不像大不列颠图书馆那样拖延。从障碍和成就两方面来看，它都具有一个重大项目的所有特征。成本接近10亿美元的一组建筑的初步完工，本质上是业主、建筑师、工程师以及建设者的胜利。这样一项工程并不是一件日常之事。幸运的是，在每一阶段和完工之后，它都进行了资料备案（威廉斯等人，1991年和1997年；迈耶，1997年，布劳恩，1998年）。因此，存在着来自于建筑师、业主以及局外人的证明。

在1983年，盖蒂基金邀请他们认为已经创造了著名作品的33位建筑师，询问他们是否有兴趣接受设计任务。名单囊括了建筑界中大多数明星，几乎无人遗漏在名单之外。直到1983年11月，名单逐渐缩减到7位建筑师：贝蒂和马克（Batey&Mack），槙文彦（Fumihiko Maki）事务所、理查德·迈耶事务所、米切尔/朱尔戈拉（Mitchell Giurgola）事务所、贝聿铭事务所、詹姆斯·斯特林、迈克尔·威尔福德事务所、文丘里－劳赫（Rauch）－斯科特·布朗。选拔委员会的成员还现场参观了这些建筑师的建筑作品。

最终，委员会向董事们提交了一个三人名单：槙文彦、迈耶和斯特林。筛选过程一直持续着，而直到1984年，宣布将设计任务委托给迈耶事务所的最终决定。

在详尽广泛的筛选程序中，令所有人都感到更为惊奇的是，在某一个阶段，基金会理事们要求迈耶摒弃他著名的和被广泛接受的建筑语汇。董事们极为反对白色金属面板，而这是一种与迈耶的建筑具有极为紧密联系的材料。据说，詹姆斯·斯特林在得知自己没有得到盖蒂中心的项目，而迈耶被选中的时候，曾经不无讥讽地说道"他们将得到另一台洗衣机"（吉鲁阿尔 Girouard，1998 年，P230）。而实际上，他们并未得到一台洗衣机，其原因在于许多影响力的存在，而每一种都要求进行创新。

盖蒂中心的场地位于一座优美的山顶，可以俯瞰洛杉矶盆地：一侧是太平洋，另一侧是经常积雪盖顶的山峦。许多称号都可以用于盖蒂中心：卫城、山庄、校园、观景楼。每一个称号都是恰当的，而且每一个都令人想起一个特定的原型。然而，最为明显的原型是迈耶自己以前的建筑，那是一种深切关注光线和创造明亮形式的建筑。它强烈地令人回

下图
理查德·迈耶事务所，盖蒂中心，洛杉矶，加利福尼亚，1984～1997 年

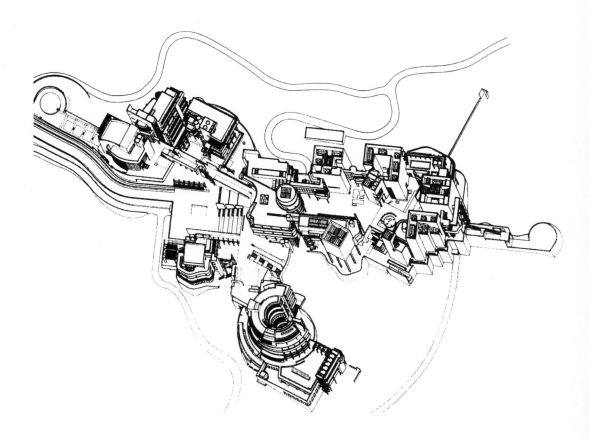

想起巴洛克建筑,特别是德国南部的巴洛克教堂,在盖里担任罗马美国学会常驻建筑师期间,他在一次研究旅行中参观了这些教堂。后来,约翰·索恩爵士(Sir John Soane)的建筑也变得十分重要。

场地并没有一座邻近的罗马教堂或一座维多利亚时期的哥特式铁路终点站。它所拥有的是一群喧闹的和政治上强有力的邻居,他们规定了许多关于高度、晚间使用、入口通道,特别是建筑色彩的约束条件;白色是被排除在外的。在以P₁为起始的设计程序中,错误排除过程(EE)不仅由设计者完成,也同样由许多其他人来共同完成:业主、规划者、消防局官员、成本咨询顾问,事实上由能够行使权力和坚持改变他们认为是"错误"东西的任何人来完成。在这一状况下,布伦特伍德私有房主联合会是一批强大有力的游说者。

从大约1964年到1970年代早期,理查德·迈耶是纽约一个松散的建筑师联合会(纽约五人组)的成员,其成员的作品1972年发表于一部标题为《五位建筑师》的出版物中。这一小组的设计试图发展勒·柯布西耶的遗产,特别是勒·柯布西耶中期的设计遗产。尽管勒·柯布西耶的影响并未远离迈耶,其重要性却在减弱。正如迈耶在访谈中谈到的:"诚然,对于我而言,在多年以前,柯布西耶是非常重要的,但是现在他的影响减弱了。在我看来,他并未被贬低,但是可能他与我的作品并不具有像过去一样的关联性。"(布劳恩,1999年,P20)

在盖蒂中心设计中的其他原型也是显而易见的。美术馆的平面以弗里克收藏馆(Frick Collection)的平面为基础,弗里克收藏馆是第五大道上1914年的鲍扎艺术风格的官邸,它在1935年改为为一个博物馆。剖面上的光线控制以约翰·索恩爵士设计的于1819年开放的伦敦达利奇(Dulwich)艺术馆为原型。两个历史上和地理上完全分离、却都受到赞誉的原型是设计的开端,继而大步地改进它们。正像迈耶在同一次访谈中谈道的:

"对于我而言,达利奇画廊的剖面和顶光进入盖蒂中心的方式似乎具有一种特殊的奇妙特性。观众欣赏画作,而它们完全由自然光线提供照明。在设计过程的最初阶段,约翰·沃尔什(John Walsh),盖蒂博物馆的馆长,想要一个这样的绘画展览室,在白天中的任何时候,人们在馆中都可以在完全自然光照明条件下欣赏所有的画作。

索恩在达利奇画廊创造的是非常简洁的画廊空间,它们一个接着一个,是立方体和双立方体的交替排列纵向的空间。而在盖蒂中心则是完全不同的：在平面上，画廊空间是明确界定的正方形和双正方形，但是动线并不是一个纵向排列的房间序列。在盖蒂中心，光线从天窗射入，通过成角度设置的屋顶天窗（百叶）介层发生散射；角度使光线发生折射，而以这种方式，光线荡涤着墙面和画作。

　　在达利奇，存在着与天窗之间近40°的倾斜角，而在盖蒂中心角度更大，约60°，这是为了允许更多的光线进入空间，而且光线以一种非常不同的方式发生漫射：通过天窗百叶，而不是在达利奇所看到的纱网。"

在盖蒂中心，动线系统以一种完全不同的并被广泛讨论的模式为基础：佛罗伦萨的乌菲齐美术馆。建筑开始于1560年，由乔吉奥·瓦萨里[4]设计，为13个地方官员和行业协会（因此而得名）提供空间，自从1581年起，其顶层转变为公爵的美术馆，并在1956年由伊格纳齐奥·加德拉（Ignazio Gardella）、乔瓦尼·米塞尔卢奇（Giovanni Michelucci）、卡洛·斯卡帕和吉多·莫洛兹（Guido Morozzi）进行了主要的空间转换。分层级设置使流线系统变得十分有趣：在拉长的内院周围有一条主要道路，从这条道路可以到达美术馆。这些是一些间或相互交联的构成组团。在"U"形的主要道路上可以看到内院景致，而且视线穿过阿尔诺河[5]可以看到彼蒂宫（the Pitti Palace）。正是这个被阳光照射的外向空间确保了建筑与市镇环境的联系。另一方面，为了艺术品的展示，美术馆是一个内向的空间。还很重要的是，可以从旁边经过画廊，以致可以在一天内观赏早期托斯卡纳画派和佛罗伦萨画派的画作，而另一天观赏诸如米开朗琪罗[6]和拉斐尔[7]的画作，而不用两次穿越同一空间。在任何一次参观中，由釉面砖铺装的主要道路也总是提供注意力释放及重新定向的可能。

　　盖蒂中心采用了一种非常相似的模式。带有水池和喷泉的长长的中心博物馆庭院取代了瓦萨里的城市走廊。而主要路线设置于外部，以使视线不仅能够看到内院，而且能看到洛杉矶和太平洋。正像在佛罗伦萨一样，内院的末端被架空，打开了建筑首部的框架，及建筑之外的城市空间。与

4　乔吉奥·瓦萨里，1511~1574年，意大利画家、建筑师和艺术历史学家。
5　阿尔诺河，意大利中部河流，发源于亚平宁山脉北部，流程约241公里，注入利古里亚海。
6　米开朗琪罗，1475~1564年，意大利文艺复兴时期著名的艺术家。
7　拉斐尔，意大利画家，他的绘画以宗教为主题，集中代表了文艺复兴全盛时期的思想成就。

乌菲齐美术馆不同，路线设置于两个楼层上。在上面一层，美术馆通过天光照明，展出画作，在下面一层，通过人工照明，展出装饰艺术主要是家具。在"U"形平面内，两层的排列都按照历史上的次序顺时针方向排布。在亭子中的楼梯使人们能够逐层参观展出的画作，或是从一层走到另一层来参观装饰艺术和一个特定时期的画作。系统具有显著的弹性；乌菲齐美术馆是一个灵巧的原型。

盖蒂中心的外覆面之先例的作用是极为不同的：排除错误（ＥＥ）这一方式发挥着首要的作用，它比我们愿意承认的出现更频繁。我们经常抵制或拒绝考虑解决方案，因为它们含有令人不快的意味。

由于理事会的意愿和邻里屋主联合会的抵制，取消了白色涂层面板。石材似乎是顺理成章的答案，这主要由于它与公共建筑和纪念建筑的联系。然而，对于迈耶的建筑而言，核心是找到一种具有金属面板光线反射特性的浅色调石材。表现南加利福尼亚州灿烂光线的明亮表面是创造空间的关键。

大范围寻找一种合适石材，包括观看大尺寸的样品。最终，基于色彩、重量和成本因素，石灰华（travertine）是最为合适的选择。

下图
乌菲齐（办公楼），佛罗伦萨，乔吉奥·瓦萨里，1570 年；今天所见到的处理在 1956 年由伊格纳齐奥·加德拉、乔瓦尼·米塞尔卢奇、卡洛·斯卡帕和吉多·莫洛兹（Guido Morozzi）完成；顶层平面图

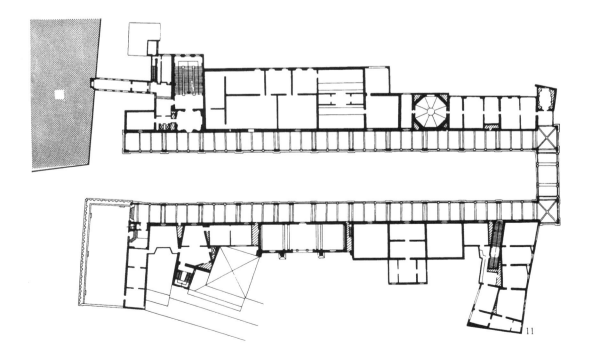

　　然而，抛光的石灰华使人想起旅馆大厅和二流的中东建筑；它承载着一种令人无法承受的视觉上的重负。一种更为粗糙的表面将会投射阴影而创造一种本质上更为三维的和更为具有体量感的效果。为了创造这种表面，在罗马附近的工厂中逐步制造出一种专用的裁石机，这个工厂就在出产石灰华石的采石场附近。石材面板的裂纹表面现在成为盖蒂中心一个视觉上的特征；一张特写的照片成为迈耶（1997年）《建造盖蒂中心》一书的护封，在书中，他写道："我已经为自己设置了运用石材相互矛盾的任务，既意识到它的重量和厚度，又将它以非承重的状态来作为雨幕结构（a rain screen）。"在 P_1 到 P_2 的设计程序中，多数初始问题是自我影响的，而且经常源自于视觉形象上的选择。

　　在同一本书中的倒数第二个告别演说辞中，理查德·迈耶对他的贡献作出了敏锐的评价：

　　　　"毫无疑问，那些熟悉当代建筑的人同意我的方法是逐步演进的，而不是革命性的。建构形式的创造必然引起全新元素的引入，而我的作品深植于可以追溯到1920年代现代主义运动的英雄主义传统之中。我将被铭记，这是由于我的作品与城市的整体平衡和光

下图
理查德·迈耶及合伙人事务所，盖蒂中心，洛杉矶，1984～1997年；说明石材面板的雨幕结构的施工图，混凝土结构墙体和内衬的金属框架；内部墙体和结构墙体之间的空间是一个回风管，使悬挂画作的墙体两面都保持同样的温度

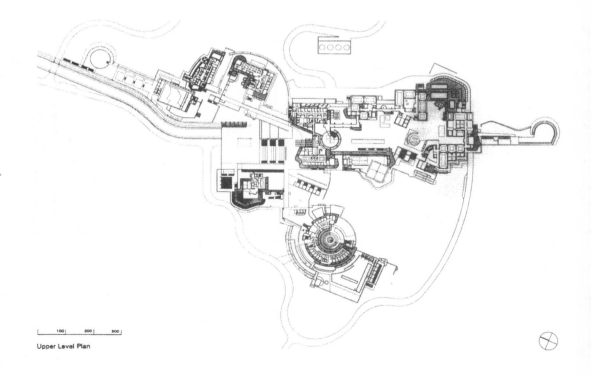

100　200　300

Upper Level Plan

与空间的调和,而不是因为以其自身作为终极目标的任何一种形式上的自我特性的展示。"(迈耶，1997 年，P193)

乍看起来，弗兰克·盖里在毕尔巴鄂[8]的古根海姆博物馆表现了一种可能没有原型的革命性的、新奇的形式。这一结论的正确性是令人质疑的。例如，博物馆的商店出售阿尔瓦·阿尔托的花瓶，而没有在橱窗中标明出处。许多人对花瓶并不熟悉，可能会以某种理由认为它是由弗兰克·盖里设计的。它具有与博物馆的中庭一样的倾斜弧面和复杂的几何学。

正像在盖蒂中心一样，对建筑师的遴选是一种小范围内竞争的结果。弗兰克·劳埃德·赖特面向纽约中央公园的螺旋形的古根海姆已经表明，对于建立一座博物馆，建筑具有重要意义。在其作品具有知名度且可能受到偏爱的所有建筑师中，三位建筑师被选中：矶崎新（Arata Isozaki），他将位于下曼哈顿中以前的工业建筑转变为古根海姆SoHo博物馆；来自维也纳的库珀·希梅尔布劳（Coop Himmelblau），近来

下图
弗兰克·盖里事务所，古根海姆博物馆，毕尔巴鄂，西班牙 1991～1997年；面向城镇的人口；建筑用0.3mm厚的钛金属覆面

8　毕尔巴鄂，西班牙北部城市，位于比斯开湾附近。

左图
阿尔瓦·阿尔托，玻璃
"皱叶甘兰(Savory)"，
1936 年

他在卡尔斯鲁厄[9]的一座艺术和媒体中心的竞赛中赢得二等奖；还有托马斯·克伦斯（Thomas Krens）所罗门·R·古根海姆基金会的主管（他在建筑师和建筑场地的选择中都具有至关重要的作用）熟识的弗兰克·盖里。在 1991 年 7 月下旬，弗兰克·O·盖里事务所被选中。包括盖里和蓝天组在内的候选人名单意味着对一种流动性的、非矩形的建筑的某种倾向，事实上，这是某种期待。蓝天组与冈特·多梅尼哥（Günter Domenig）和冈特·贝尼施（Günter Behnisch）是这一风格的早期倡导者之一。这些建筑师以欧洲中部为基地，这也许不是完全由于巧合在那里，巴洛克的、一种更为自由的变体是一种日常生活中常见的视觉表现。巴洛克建筑也是－这一点有争议－中部欧洲，比如在法国和斯堪的纳维亚，建筑景观的一个更具统治性的元素。然而，与其前辈一样，在彼得·帕勒（Peter Parler）或本尼迪克特·里德（Benedict Ried）的作品中，中部欧洲巴洛克具有一种极其非凡的哥特式风格。这不是为了表明一种时代精神的存在，或坚持强调地方性的特征，而是为了记录传统的坚韧。

　　1929年，弗兰克·盖里出生于多伦多，后来在南加利福尼亚大学和

9　卡尔斯鲁厄，德国西南部城市，位于斯图加特西北偏西，在莱茵河上，德国工业和文化中心。

哈佛设计学院研究生院学习。因为在加利福尼亚的作品，他获得了公众的承认。这一作品以廉价的常见材料（波纹金属板、链节栅栏、外露钢架）的运用为特点，导致动态的、不稳定的和多层次的形式。他为成果贴上了"廉价建筑"以及"无规则"建筑的标签（内尔恩 Nairn，1976年，P95-102）。

在为《当代建筑师》（Contemporary Architects）1980版撰写的一篇短文中，盖里这样描述他在 1970 年末期的态度：

"我对正在完成的作品十分感兴趣，但是我感兴趣于看起来是未完成的作品，每一个细微之处都在适当的位置，每一件家具都在为拍照而准备的位置上。我更喜欢草图的特征、暂时性、杂乱性，如果你愿意的话还有在'过程'中的面貌，而不是关于完整的解答和结局的假设。将塞尚[10]、莫奈（Monet）[11]、戴库宁（De Kooning）[12]、劳申伯格(Rauschenberg)[13]的画作与那些被以具有轮廓鲜明的边线为

上页图
在贝希涅（Bechyne）的修道院教堂，15 世纪末到 16 世纪早期

下图
弗兰克·盖里事务所，斯皮勒住宅（Spiller House），威尼斯滩（Venice），加利福尼亚，1979～1980 年

10　塞尚，1839～1906 年，19 世纪后半期法国著名印象派画家。
11　莫奈，1840～1926 年，法国画家和印象主义的创始人之一。
12　戴库宁，1904 年出生于荷兰，美国画家和抽象表现派代表人物。
13　劳申伯格，生于 1925 年，美国画家，以其图案拼贴、蒙太奇手法的油画而闻名。

左图
弗兰克·盖里事务所，
鱼形餐厅，神户，日本
1987 年

特点的画家——阿尔伯斯 (Albers) [14]、凯利 (Kelly) [15] 等人的绘画进行比较，比较的结果可能会使我的观点更为清晰。"

---

14 阿尔伯斯，1888～1976 年，德裔美国画家，其作品以色彩多样的简单几何图案为特征。
15 凯利，生于 1923 年，美国抽象画家和雕塑家，其作品以颜色区块及分明的界线为标志。

　　"我已经搜寻了一个个人词汇表。这一搜寻范围非常广泛，从对于我的幻想孩童般的探险——一种对于散乱的和表面上非逻辑性的系统的迷恋——到对秩序和功能的质疑。

　　如果你试图以富于韵律感的秩序、结构的完整性和关于美的形式上的定义作为基础来理解我的作品，你将很容易地整个儿陷入困惑之中。

　　在建筑创作中一个业主的任务书对于我来说是有趣的，但并不是主要驱动因素。我将每一个建筑处理为一个雕塑性的物体、一个空间的容器、一个具有光线和空气的空间、一个对于文脉的回应、对感觉和精神适宜性的回应。对于这个容器、这一雕塑，使用者带着他的行装，他的任务书，并与之相互作用以适应于他的需求。如果他不能做到这一点，我就失败了。

　　对于我而言，容器内部的处理是一个独立自主的、雕塑性的问题，而且一点儿不比设计容器本身更少乐趣。这一处理验证了空间对于任务书的适应性，而任务书到现在已经改变了数次。

　　在我的作品中，目标客体的感知是首要的。意象是真实的，而不是抽象的，运用了廉价材料的扭曲变形和并置来创造超现实主义的作品。

　　所有一切都在追求坚固、实用、愉悦。"

除了"廉价材料"这一词汇以外，这一评价同样适用于毕尔巴鄂古根海姆博物馆和在那之前的建筑。几座更大的公共机构的建筑，例如像盖里在古根海姆之前设计的在巴黎的美国学院（American Institute in Paris），不再运用其加利福尼亚的住宅中几近废弃的材料，而是用粉刷和石材覆面。与1994年巴黎的美国中心相似的石材覆面的建筑相比较而言，由于某种不确切的原因，那些外表面粉刷的建筑（诸如1989年的德国魏玛的维特拉国际家具博物馆）看起来更为成功，更自然。也许，粉刷仍然具有某些波纹金属和链条栅栏的偶然性。毕尔巴鄂代表着一个重大的转变。一种钢结构和微微发亮的钛氧化皮（0.38mm 厚）使流动的形态显得自然，建筑就像一条鱼尾刚出水面的逆流而上的鱼。关联最密切的原型来自于两座盖里早期的创作：1987年神户的鱼餐厅，也是在水边，并可以从一座高架桥上俯瞰，还有为1992年巴塞罗那奥运会郊区住宅综合体建造的鱼形雕塑。二者都是用金属，具有一种精美的鱼鳞般的表皮。这具有一种暗示——鱼具有一种潜意识的影响。盖里在访谈中回忆和他祖母去市场的经历："我们经常去犹太人的集市，我们买一条活的鲤鱼，我们将鱼带回祖母在多伦多的家中，将鱼放到浴缸中，我和这条该死的鱼一起游戏一天，直到第二天这条鱼被杀并被做成鱼肉冷盘"。（阿内尔 Arnell 和比克福德 Bickford，1985 年，P17）

看起来，我们几乎达到了具有精神信仰的高度原创的设计。这并不意味着我们总是非常有意识地四处寻找一个合适的原型。我们具有一只期盼之眼，它审视、遴选，并且受到历史上某一特定时刻可能发生的事物的影响。盖里在另一次访谈中谈到：

"直到后来，我才同样意识到（毕尔巴鄂古根海姆博物馆）与我以前所作的工作具有关联，因为你知道，当时我正好在审视我看到的东西。我倾向于顺应当前的形势，而我所看到的正是我所做的一切。而我所做的正是我所反应的。然后，我明白了我以前做过它。我想它正象你无法从你自己的语言中逃脱一样。在你的一生中，你能够真正发明创造多少东西呢？你将某些东西带到台面上。非常令人兴奋的是，你以文脉和人为基础来进行调整: 克伦斯（Krens），胡安·伊格纳西奥（Juan Ignacio），巴斯克人（the Basques），他们渴望运用文化，将城市引向河流。还有工业化的感觉，这一点我担心他们将要失去，因为有一种倾向要将华盛顿波托马克河[16]公园大道隔离出河岸……请看，大桥就像一个坚韧不拔的铁锚。你将大桥去掉，那么就会是另外一种完全不同的局面。因此，我认为我正在对大桥、滨水岸线的韧性、以及其工业化特征做出回应。汤姆（克伦斯 Krens）提出的任务书是 MASS MoCA（美国马萨诸塞州当代美术馆），巨大的工业化空间体量……而且，当我开始画草图的时候，我就已经知道了一切。"（范·布吕根 van Bruggen，1997 年，P33）

极为强大的计算机使古根海姆博物馆的实现成为了可能；在以前的时代，它几乎无法被创造出来。设计、建造，以及至关重要的设计信息向制造部门的转移，都依赖于一种最初为法国航天工业而开发的计算机程序－CATIA。正像这一程序的名称一样，CATIA 生成可以被转译为二维的钢结构装配图纸的线框图。还具有对于装配安装的指南。

"盖里的办公室不无幽默地记录到，毕尔巴鄂的建造没有任何用卷尺测量的方式。在装配期间，每一个结构构成部分均印上条形

16　波托马克河，美国东部河流，流经美国首都华盛顿。

码，以结构的邻近层次交接的节点来标记。在现场，条形码被读取，显示在 CATIA[17] 模型中每个部件的坐标。与 CATIA 相连接的激光测量设备使每一个部件都能够像计算模型所限定的那样被精确安装在其应有的位置上。这在航天工业中是很普通的，但对于建筑是相对新颖的。"（安妮特·勒屈耶 Annette LeCuyer，1997 年，P44）

正像大多数巴洛克式穹顶和阿尔瓦·阿尔托在伊马特拉 Imatra 设计于1956年的伏克塞涅斯卡 Vuoksenniska 的教堂一样，古根海姆博物馆的内部并未遵循外部的轮廓。内部体量由一个 50m 高的中框空间控制，以这一空间为中心，画廊呈辐射状分布。在这个高耸的体量之中，有一个弧形的形体在顶部，另一个弧形形体位于底部，在二者之间具有扭曲的表皮。吉姆·格林夫（Jim Glymph）（弗兰克·盖里和合作事务所的一位负责人）曾经说道："弗兰克是一个巴洛克建筑的忠实拥趸。"（布吕根，1997 年，P138）但是没有一个巴洛克建筑师能够画出和建造出在毕尔巴鄂出现的形式。画廊在三层，而且具有丰富的形式。艺术品被设置于最为适当的空间中，而不是在一个所谓的无个性的通用

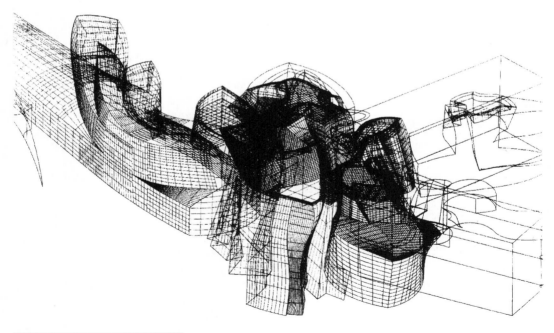

17 CATIA，法国达索飞机公司开发的高档 CAD/CAM 软件，以其强大的曲面设计功能而在飞机、汽车、轮船等设计领域享有盛誉。

的展示区域。盖里与太多的艺术家一起工作并成为朋友，以至于没有意识到这一假象。最为壮观的展廊是一个130m长的空间，这一空间倾斜到桥下，并通过设置于一个复杂的弧形天花内的天窗采光。建筑的蜿蜒的表皮被同样蜿蜒的锈蚀钢铁构件所加强，这一钢铁构件是一个由理查德·塞拉为这个现场特别创作的可穿越雕塑。

惟一不遵守非直角空间的一般模式的展廊是位于西侧的两个展廊和六个主要绘画展廊。后者被安排为每一层都相互叠合的三个画廊。有趣的、而且可能令人惊奇的是，这些展览空间回归到一种以前多次运用的原型，而且是一系列顶光照明的纵向排布的房间。扭曲存在于剖面之中。上面一层画廊的中心被设置于一个天窗下面。一个高度不到顶棚的展墙形成的巨大矩形空间环绕这一屋中屋。然而，从下面的画廊看过来，它是一条引导光线进入下面画廊的通道。这是一个对于剖面巧妙而新奇的处理，将天窗的影响延伸到下面的楼层。

这三幢建筑都已经对公众意识施加了一种强烈的影响：毕尔巴鄂已经成为了一个国际游览胜地，盖蒂中心的参观人数是空前的，大不列颠博物馆已经受到读者很高的赞誉。从其表现和建筑学上的出发点看来，每一个都是个性化的。然而，每一个设计都具有某些对于以前存在的原型的依赖。这些都并不必然地局限于建筑学之内；威尔逊称赞《在书房中的圣哲罗姆》，盖里说他看了很多马蒂斯[18]的剪贴画，"在这些正好被偶然切削的巨大的、长长的形状中……，看到它们的朴拙"（布吕根，1997年，P116）。然而，最为常见的是，正是过去的建筑提供了最为相关的原型，而且这一点几乎不令人惊奇。同样令人毫不感到惊讶的是，

下图
弗兰克·O·盖里事务所，古根海姆博物馆，毕尔巴鄂，西班牙，1997年；通过具有天窗的中庭和分层布局的画廊的剖面

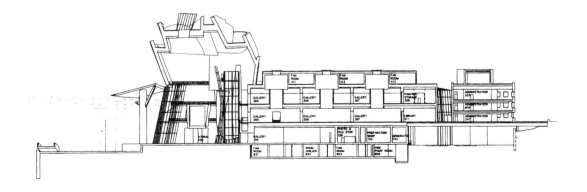

18　马蒂斯，1869～1954年，法国艺术家、野兽派代表人物。

那个建筑经常是建筑师本人先前的作品；我们不可避免地再次运用我们熟悉的形式，因为我们具有一种偏好。这就是为什么我们能够将雷恩[19]的教堂和霍克斯摩尔教堂相区别的原因。

　　在设计阶段，在试验性解决方案过程中我们运用原型之前，我们面临问题的选择。我们无法而且也没有解决在那个项目中那一时刻出现的所有问题。这就是起始时的状况，因为大量的问题－正像它过去的那样是自身造成的。需要有个解答的信念设定了需求，但是另外，我们自己发现问题或者作出导致个性化回应的独特决定的这一倾向，也提出这样的要求。从历史的角度，P_1 和 TS（见 P34）都是由依时间而变的。对问题的认识和能够想象出的东西取决于我们周围的世界。

　　自我影响问题的本质和严谨正是对于建筑伟大性的检验。满足建筑设计任务书上的空间、邻接、循环、服务设施等内容，这是一个非常困难而必需的任务。它是许多设计的基础。然而，作为最后的手段，它只是一个熟练工的任务。在许多实例中，如果设定一套规则，设计可以由计算机生成。诗意和愉悦是大师的任务，而且源自于自我影响的必然性。也正是我们为自己设定的问题的提出解决方案，带来了设计中的最大的苦恼和愉悦。

19　雷恩，1632～1723 年，英国建筑师，曾设计过 50 多座伦敦教堂，其中最著名的是圣保罗大教堂。

见证

列举了毕尔巴鄂古根海姆博物馆的同一期《建筑评论》（Architectural Review）（1997年12月）也专门辟出了空间，介绍伦佐·皮亚诺建筑工作室在瑞士巴塞尔（Basle）[1]边缘为恩斯特·拜耶勒（Ernst

1　巴塞尔，瑞士西北部城市，在莱茵河畔。

Beyeler）收藏品设计的美术馆。建筑上的控制要素是屋顶平面。这是一个 1500mm（5 英尺）厚的层，由穿孔金属板、可控制的百叶窗和结构玻璃构成。在它的上面，是漫射光线的白色玻璃百叶。在以前和彼得·赖斯（Peter Rice）一起设计的在休斯顿为 Menil 收藏品而建的博物馆中，伦佐·皮亚诺已经赋予屋顶极大的重要性。后来由皮亚诺在同一个"博物馆园"中设计的特翁波里（Twombly）画廊也抑制了墙体而强调了顶棚。可能会有人说，这几乎不令人感到惊讶，因为所有展现艺术作品的建筑中，光线控制一定会扮演重要的角色；毕竟，通过顶棚的处理

来找到一个理想解决方案的无止境的尝试总是一直存在的。

皮亚诺运用屋顶来提供那种控制力；而盖里倾向于用整个体量。很早以前，在德国魏玛的维特拉国际家具博物馆－恰巧在拜尔勒藏馆的边界对面－和明尼阿波利斯[2]（Minneapolis）的弗雷德里克·R·魏斯曼博物馆，盖里就是这么做的。

上面的两段文字中都包含了实际情况。然而，他们也暗示了必然是假设的结论。即使盖里有一种似乎确证无疑的陈述，即"我把每一座建筑当作一个雕塑性的物体、一个空间的容器、一个具有光线和空气的空间来处理……"，这一陈述已经被引用过，提出绝对化的主张也是不明智的。我们可能会通过类似性、对资料进行推论、承认相互影响力来得到结论，可是仍然并不确定我们所得出的结论与实际发生的设计过程是否匹配。

因而我打算求助于许多重要建筑师的报告，这些报告可能包括他们关于设计过程的特征的看法。这并不是相信这些表述就是确实可靠的声明；建筑师过于经常地撰写那些被证明是事后推演的东西。不管怎么说，这些文字代表着可能被检查和认可的发表材料；我们正在评判一个最大程度的牵涉于其中的人的，而并非一个局外人的、深思熟虑的观点。

在1979年5月和6月，在美国麻省理工学院举办了表现建筑发展过程的六个实例的展览。目录记录了与相关建筑师的访谈（格鲁克沙克Cruickshank，1979年）。唐林·林登（Donlyn Lyndon）（与摩尔、特恩布尔和惠特克一起，他是太平洋海岸的海滨农场住宅单元的设计者之一，而且也是《住宅的场所》的作者之一）是六位参展和接受访谈的建筑师之一。林登的陈述既是全面的，又是详尽的。（LL代表兰斯·拉沃尔Lance Laver， DL是唐林·林登）

    LL：伊斯兰建筑以什么方式成为了庭院的起源？

    DL：当我在印度的时候，我对众多伊斯兰建筑中十字轴线（或横轴的cross-axial）秩序的微妙特质十分感兴趣。甚至，像泰姬·马哈尔陵这样的建筑，当从轴线上看时，会发现它是被控制的且富有秩序的；然而由于具有多个圆顶，四个尖塔，以及两侧的建筑，如果你偏离轴线，它就会变成非同寻常的景象——所有那些组成部分将以一种新的方式并置。然后你在诸如法地布尔·西格里古城（Fatehpur Sikri）的官殿中走来走去，很明显，同样的情况发生在一

2　明尼阿波利斯，美国明尼苏达州东南部城市，位于密西西比河畔。

座院落式建筑内部，尤其因为许多源自于伊斯兰教的建筑都被组织成一个在中心处具有亭阁的广场，这就形成了十字轴线。如果你站在十字轴线上，它是宁静的，而且所有的一切都处于适当的位置；而当你偏离轴线，你将看到一幅复杂而丰富的三维并置的景象。伊斯兰建筑的参照点在于内院，主要不是由墙体（边界）围合，而是由亭[3]（四个立面）形成。这里的概念是运用那些正面的亭来形成十字轴线，并且建立一个建筑参照尺度和参照框架的主要基点。同时，在要去的地方、要坐的地方、要俯视的地方、要仰视的地方、要从下面经过的事物等各处，所有都是处于该死的断裂的松散状态中，——它是在明确和复杂之间的一种张力。

LL：除了新英格兰联排住宅的原型和伊斯兰建筑框架之外，在这里你还有其他的参考体系，或受到另外的影响吗？

DL：事实上，人们几乎受到每一事物的影响。我们花费了大量的时间审视传统普罗维登斯[4]红砖砌筑的建筑。设计一个设有朝向每个面的有长椅的门廊－在这里的诠释明显非常不同－是新英格兰的一个普遍主题。我们的兴趣在于普罗维登斯的砖石住宅遇到场地时所作的调整——以及在外侧斜着穿越的楼梯。我认为一座每个人将穿过的大门应该是一座庆祝的大门，而且它们通常具有放置人体雕塑的壁龛；所以我们应该拥有一个设置投币电话的壁龛，我们认为，在当今时代要想获得神龛中的修饰性雕塑的惟一合理的方式将是拥有邀请人们站在壁龛里的投币电话。但是，事实上我们并未在这里那样做。

当人们旅行时，周边的建筑和伟大的纪念物给人留下了深刻印象，而且很可能以一种期待之眼（an expectant eye）来观看，它们应当包含在设计者的精神信仰之中。

同一展览还包括路易斯·康在纽黑文[5]（New Haven）的耶鲁大学英国艺术中心。康逝世于1974年，当时该中心仍在建设之中。它最终由佩莱基亚（Pellechia）和迈尔斯（Meyers）完成。他们接受了朱尔

3　亭：(pavilion)：这里包含地面上院落中的亭，及位于高台之上的亭－光塔，以及不上人的钟亭，装饰性的亭之类亭状的建筑物。
4　普罗维登斯，美国罗得岛州首府和最大的城市，位于该州的东北部，濒临纳拉干西特湾。
5　纽黑文，美国康涅狄格州南部城市，耶鲁大学所在地。

斯·帕文（Jules Prown）的访谈，正是朱尔斯说服耶鲁大学委托康来进行设计，而且他还在 1968 到 1976 年间担任中心的主管。

在某些情况下，我们能够运用我们熟知的 Lou（Lou，路易斯·康的昵称）从抽屉中取出的近来的先例。Lou 经常说，"对于某项工作，我们曾做了些什么？"他已经到达了一个事业的节点，在那里他已经发展了自己的语言和自己的细节："来看看我们在那都干了些什么。"然后，他进行修正，并且看看某些东西在什么地方是合适的。不论什么情况下，都存在先例，而我们自己都将对之进行检验。有时什么都不存在，或者有时存在少量草图或图纸，这些草图或图纸从未带来对每一种情况的预期结果，就像他的开关分组。

马歇尔·迈耶斯（Marshall Meyers）所铭记的是一个纯粹属于权宜之计的例子，这么说可能招致反对；查找某些已经存在的事物仅仅节约了时间和金钱。然而，"已经发展出他自己的语言和自己的细节"的说法暗示着那是一个过于简单的解释。它将使人易于得出这样的结论——与普遍的形式相比，细节具有更为广泛的正确性，但这一结论是包含错误的。正像迈耶斯在同一个访谈中解释道：

"更早的耶鲁的项目以金贝尔美术馆为起点出发、具有单侧位置的拱顶、从侧面进入的光线。"

1971 年 3 月，一个提交的模型表明顶层是一系列的拱顶，好像金贝尔

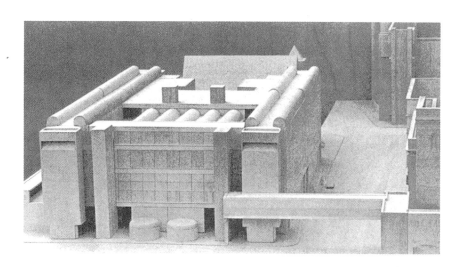

左图
路易斯·康，耶鲁大学英国艺术中心，1971 年 3 月康涅狄格州第一个项目模型

美术馆－继而处于建设中－已经被提升且置于一座三层建筑之顶上。成本的削减最后导致了最后建成的设计。与许多其他项目中一样，它是"错误排除"阶段。存在着一种向着可变的对于问题的认识的P_1阶段的回归。

　　康在1972年的一次访谈中也说道：

　　　　"确实，在已经完成的工作中，作品中的大量特质是未被表现的等待着他们实现机会。我从未因被委托于我刚刚完成的作品相似的任务而感到无聊－刚好完成的？刚好感到满意的？也许"刚刚完成的"是更好的……"（麦克罗林McLoughlin，1991年，P312）

　　在任何建筑师的工作中，P_1到P_2是一个反复迭代的过程，这毫不奇怪。

　　某些建筑师已经作出了描述，这一描述与最初的问题认识、处理项目的一般方法有关、同时也与被采纳的最终形式有关。丹尼尔·里伯斯金就是这些建筑师中的一位。他的描述是广博的，而且证实了他的信念——建筑需要一个故事，即一个为设计提供信息的叙述。他的经常讨论的犹太

下图
丹尼尔·里伯斯金，犹太博物馆，柏村，1988～1999年，一层平面

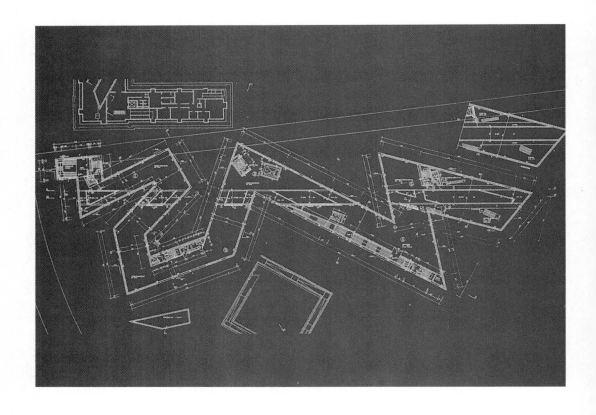

博物馆是一个合适的案例。早在 1989 年 12 月 5 日，在汉诺威大学进行的交谈中，他说道：

> "我感到，在柏林，物质形态的痕迹并不是惟一的印记，而是有一个相互联系的不可见的母体或记忆。我发现了这一在德国人和犹太人之间、在柏林特殊的历史，与在德国及柏林的犹太人的历史之间的联系。我感到，某些特定的人和特定的科学家、作家、艺术家和诗人构成了犹太传统和德国文化之间的联系。因此，我找到了这一关联，并构想了一个非理性的母体，它以直角三角形的系统的形式出现，这些直角三角形将引出一个压扁的和扭曲的星形的象征：黄色的星形（图案）经常地在这一场地中慢慢消逝，今天场地是绿色的。"

他接着列举了三个其他方面，而且继续说：

> "下面概述这一四重折叠的结构：第一个部分是那个不可见却具

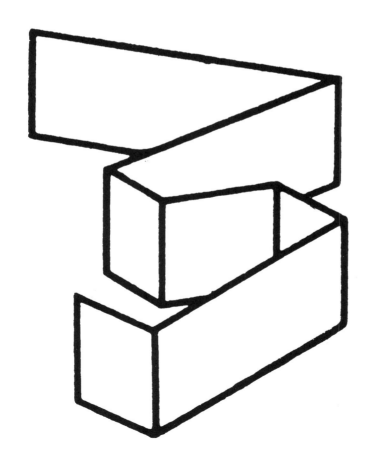

左图
雅各布·G·切尔尼霍 (Jacob G. Tscher-nichow)，对多重折叠的研究，来自于《现代建筑的基础》(*Die Grundlagen der modernen Architektur*)；《实践性的实验研究》(*Ehrfahrungsmässige experimentelle Forschungen*)，1930 年

有非理性联系的恒星，这些恒星在个体话语之光缺失的情况下闪耀着光芒。第二个方面是《摩西和亚伦》（作曲家勋伯格的音乐作品）第二幕中的切换，它与那段用语言而非音乐表现的内容有关。第三个方面是铭记那些被遣送的和失踪的柏林人；第四个方面是瓦尔特·本杰明[6]的《单向街道》那样的城市启示录。"（里伯斯金，1992 年）

大卫王之星（犹太教的六芒星形）是自然而然的出发点，因为博物馆是否被用来表现柏林犹太人的存在，或者是否因为至少得到 1920 年代保罗·克利[7]（Paul Klee）绘画中的一系列主题形式的支持。在同一个展览目录里，库尔特·W·福斯特转录了里伯斯金的谈话的介绍性评论，提供了一个对图示影响而言的极为有力的实例。福斯特增添了取自 1930 年出版于列宁格勒（Leningrad）并在建筑学院中使用的雅各布·G·切尔尼霍（Jakob G. Tscernichow）的《现代建筑的基础》（Foundations of Modern Architecture）一书中的一幅生动的插图。

犹太博物馆的设计是否以另一个可以追溯到 1988 年的被称为"激情线条（Line of Fire）"的作品为先导，在这一作品中，极为参差不齐的折叠被一个直线的切口直接切削，这也同样产生了疑问。柏林博物馆与奥斯纳布吕克（Osnabrück）[8]的费利克斯·纳斯鲍姆博物馆（the Felix Nassbaum Museum）的设计同时实施，费利克斯·纳斯鲍姆博物馆收藏了一系列画作，但却由同样特征性的有力而断裂的折叠所构成。

实际上，在三个项目中，里伯斯金运用一种几乎雷同的视觉词汇表，无论如何，这都不会贬低他的犹太博物馆或其他两个建筑的重要性。然而，这强调必然需要进行的视觉上的选择，而且经常以熟知的和偏好的形式为基础来进行这样的选择。

它们也经常地被作为一个对某些现有趋势反应的结果；"新的"成为对"旧的"的批判，换言之，旧的不再代表一种可接受的阐释。正像里伯斯金在一次访谈中谈道的：

"建筑学正处于一次复兴之中，这是一种观念的重生。人们正在逐渐厌烦高技的外表和简单的功能问题。人们把建筑想像成为他

6 瓦尔特·本杰明，（Walter Benjamin 1892~1940）德国现代著名哲学家、思想家、理论家、批评家，主要著作有《拱廊街计划》（The Arcades Project）、《发达资本主义时期的抒情诗人》、《启迪》、《莫斯科日记》。

7 保罗·克利，1879~1940 年，瑞士画家。他的作品把对线系和色彩的熟练运用和关于抽象艺术的理论相结合。

8 奥斯纳布吕克，德国西北部城市。

们生活的一部分,他们一贯的想要这样……一个人必须享受他正在做的事情。一个人必须与业主和公众愉快相处。一个人必须赞美生活,而生活总是容易受伤的。上个世纪的致命的意识形态摧毁了某些人性及生存的可能。这是一个很好的时机,人们可以来再次评估和思考什么是可能的——人们认为事物不会完结,而可能会在一个不同的方向上开始。"(艾萨克 Isaacs,2000,P51)

里伯斯金在汉诺威谈话中的描述也强调了运用语言和音乐的想法的困难,因为在这些想法和三维的形式之间并不存在真正的一致性。不论叙述多么有力和清晰,仍然存在着作出一种选择和决定某个形式的不可避免的需求,而且作为一个准则,那一形式是最初对问题的认识的组成部分。言语式的思考并不是非言语的设计的替代。

在21 世纪初期,柏林的犹太博物馆面临展品空空而参观者众多的情况,空间本身就是展品。惟一的标志是一些里伯斯金的叙述语句,这些语句提供了他在其谈话中所描述的那种背景。如果没有这一言语式的阐释,一个毫无经验的参观者就无法领会蕴涵于设计中的象征符号的意图。例如,你无法想像,任何人都能理解倾斜的窗户源自于城市地图中的直线,这些直线将杰出的犹太家庭与博物馆联系起来;详细的语言阐释是绝对必要的。

下图
丹尼尔·里伯斯金,犹太博物馆,柏林,1988~1999 年;画廊的窗户

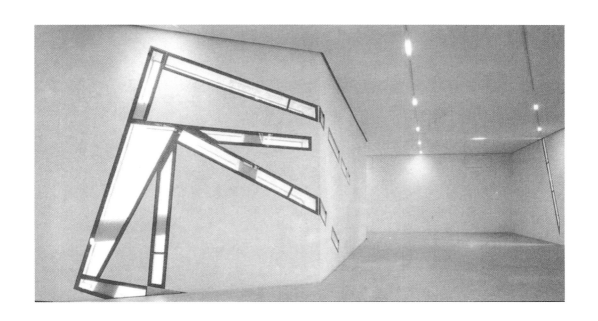

上图

伦佐·皮亚诺建筑工作室；丹尼尔·里伯斯金，德比斯大楼，波茨坦广场，柏林，1992～2001 年

上图
弗兰克·O·盖里联合事务所，DZ 银行总部，巴黎广场，柏林，1995～2000 年，主中庭

例如，当我观看伦敦卡文迪什广场中一面墙上的爱波斯坦 (Epstein)[9]的圣母和圣子雕塑，并看到伸展双臂的耶稣幼年像的时候，我能够理解这象征着他对于仁爱的信奉，同时也预言了日后的受难。我"理解"这些含义，因为雕刻家和我共同拥有一种肖像学。当然，在对象征主义没有任何了解的情况下，我也会赞美雕塑和犹太博物馆，但这样会遗漏某些意义。这只是指出了使建筑负载其不能承受的象征意义所产生的危险，继而不确定地将它归因于设计的首创性。

丹尼尔·里伯斯金和弗兰克·盖里二者都在柏林修建了建筑，而且是难以置信的，自从两德统一以来大规模建设活动的一部分。伦佐·皮亚诺设计的建筑以一种非常不同的方式，对城市产生一种同样强大的影响。与犹太博物馆和盖里的银行相比，皮亚诺的建筑更多地源自于材料的本性和建造技术。这三位建筑师一定都互相了解在同一城市中、同一时间内其他建筑师的设计工作。然而，他们的成果却具有戏剧性的差异。

鉴于我们所看到的一切，令人毫不惊奇的是，皮亚诺在他的"工作日志"中这样写道：

"要想了解怎样去做，不仅仅要用头脑，而且也要用双手：这一点可能看起来更像一个程序性的和意识形态的目标。然而它并不是这样。它是一种捍卫创造自由度的方式。如果你打算以一种不寻常的方式来运用一种材料、一种建造技术、或一种建筑要素，总是存在着一个时刻，那时你听到自己在说，"它不能被这样运用"，仅仅因为以前没有人尝试过。但是如果你确实去尝试了，然后你会保持继续下去——而且你将获得以另外的方式无法获得的一定程度上的自主性。

"当我们在建造蓬皮杜中心的时候，我们必须创造一个用金属铸件构成的结构。整个法国钢铁工业都举手反对：他们直截了当地拒绝了这种结构，认为一个像那样的结构将不会矗立起来。但是我们对我们自己的依据充满了信心，首先是彼得·赖斯，而且将订单传给了德国克虏伯公司。因此，蓬皮杜中心的主体结构是在德国制造的，尽管钢桁架必须在夜间运送，而且几乎是秘密的。这是技术保护艺术的一个实例。我们对于结构的理解使我们表达的能力得到了解放。"（皮亚诺，1997年，P18）

工作日志的介绍热情而真诚地表述了一位建筑师实际上是什么样

9　爱波斯坦，1880~1959年，生于美国的英国雕塑家。

的人。打开日志你会读到：

"建筑师的职业是一个富有冒险精神的职业，是一种开拓者的工作。建筑师行走于艺术和科学之间、创新和记忆之间、现代性的大胆和传统的谨慎之间的刀锋之上。除了危险地生活，建筑师别无选择。他们采用所有种类的自然材料来工作，而且我不仅仅指混凝土、木材、金属。我还谈到历史学和地理学、数学和自然科学、人类学和生态学、美学和技术、气候和社会——建筑师每天都必须处理所有的一切。

"建筑师拥有世界上最杰出的工作，因为……心智的探险将我们自己忘在一边，这同样会带来像一次冰雪世界的探险中所产生的焦虑、困惑和恐惧。

"在某种程度上，设计是一次旅程。你出发，去查明真相，去学习。你接受意料之外的事。如果你感到害怕，而且立即在已经见到、已经建成的温暖的和受欢迎的兽窝中寻找避难所的话，它就不是一次旅程。但是如果你具有冒险的喜好，你就不会逃避，你就会继续下去。每一个项目都是一个新的开始，而且你处于未曾探索过领域之中。你是现代的鲁宾逊·克鲁索（Robinson Crusoe）[10]。

"建筑是一个古老的职业——和狩猎、捕鱼、耕种田地、探索一样古老。它们是人类最初的活动，所有其他活动由此延续。对庇护所的探求紧接着对食物的搜寻而出现。在某一个时刻，人类不再满足于自然提供的庇护所，并由此成为一位建筑师。

"那些建造住房的人提供了庇护所：为他们自己、为他们的家庭、为他们的人民。在部族中，建筑师扮演着为团体服务的角色。但是住房不仅仅是防护：这一基本的功能总是与审美的、富有表现力的、象征的渴望结合在一起。从最初开始，住房已经是一个追求优美、尊贵和身份地位的框架。"住房经常被用于表达一种归属感的渴望或是一种特立独行的渴望。

"建筑活动不是、而且也不可能只是一个技术上的问题，因为它们负载着象征意义。这种不明确性仅仅是建筑专业众多特征的第一个标志。任何解决不明确性的尝试不是一个解决方案的开始——它是你举手投降的第一个征兆（标志）。"（皮亚诺，1997年，P10）

由于并非很多建筑师都清楚，我进行了详细的引证。从这些公开的

10　鲁宾逊·克鲁索，英国作家笛福（Defoe）的小说《鲁宾逊飘流记》的主人公。

谈论中很容易作出伦佐·皮亚诺的工作方法是完全以直觉的飞跃为基础的推断。相反，皮亚诺非常谨慎地描述设计过程。他以非常类似于波普尔式的不断反复的过程的方式来这样描述。

"设计不是一种线性的经历，在这一经历中，你具有一个概念，将它记录在纸上，然后完成它，如此等等。不如说，它是一个循环的过程：你的概念被草拟、试验、重新考虑、而且重新开始、一遍又一遍地回归到同一点。

"作为一种方法，它看起来是非常经验主义的，但是如果你环顾四周，你会明白这是其他许多学科的典型方法：音乐、物理、天体物理学也是如此。我曾经与图里奥·雷吉（Tullio Regge）和卢西亚诺·贝里（Luciano Beri）讨论过这一点，而且类似性是明显的——一个人正在像数学家一样谈论，其他的人像音乐家一样讨论，但是本质是同样的。

"在科学研究中，你必须用大量的变量来解方程。实际上变量几乎是无穷尽的。因此，你将某些东西建立在以一种产生于经验中的直觉的基础上。基于这一点，解方程成为了可能。然后你验证你的发现。如果它不正确，你就再次开始。你构造了另一个假设，你回到你已经做的地方，等等。在这一过程中，你缩小了范围，就像一只正在逐渐逼近猎物的鹰。应当注意到，在这个意义上，这个循环不仅仅是方法论，而且是仍然较少的程序（still less procedure）。用一种高调的语言讲，它是一种知识的理论。一次又一次的尝试不仅仅是纠正错误的手段。它是一种理解项目的实质，或材料、光线、声音的性质的方式。"（皮亚诺，1997 年，P18）

在描述了建筑设计的本质的方式上，皮亚诺并非惟一。爱德华·卡里南（Edward Cullinan）在伦敦工作，而且对于建筑是如何创造的，拥有与皮亚诺相同的信念，爱德华·卡里南已经在与爱德华·罗宾斯的一次访谈中记录了他的观点。

"一些为成为建筑师而奋斗的人们用钢笔和铅笔在书页上来回地画，拼命地找寻解决方案，希望图纸会产生解决方案或设计概念。但是这从未成功过。我认为一个人或一起工作的一群人在头脑和想像中，对于他们正在努力创造的是什么，必须具有一个充满活力的概念，而图纸就像过去那样，是对于概念的验证。而且在我们的案例中，信手涂鸦从来不会只是平面、剖面或立面。他们几乎总

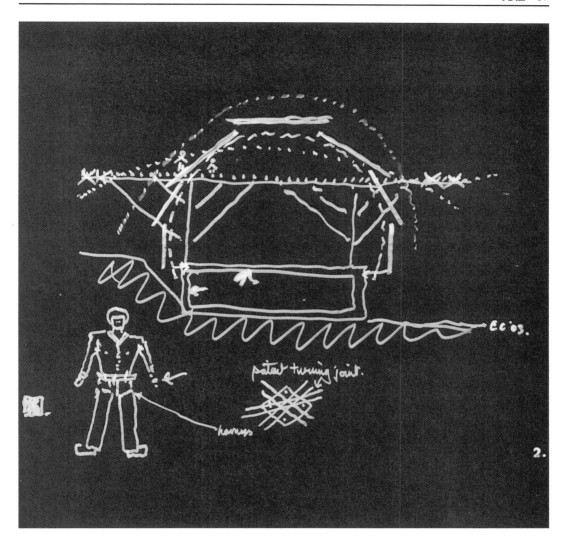

是三维的涂鸦。它们像一个人向另外一个人表白一样，清晰地阐明它们自身。这样它们被用于两方面：为了清晰地表达自己和为了传播概念想法……从早期，在我们对于概念的早期验证中，我们绘制图纸，看起来像工作图。我们画非常大的、将它们结合到一起的图纸，这也是对于概念的验证。因此，一些这类已完成的准备好可以建造的工作图直接贯穿项目从开始到终结的全过程，而其中一些工作图与概念一起消亡。我们进行彻底的验证，因而我们不会介意那些在过程中被丢弃的图纸是多么精细。第一段是关于涂鸦的，继而

上图
爱德华·卡里南，为高架投影仪而作的草图，表现了受到法定安全要求的结构指南

是关于用于验证我们所思考的东西的详细图纸。然后，第二段是关于绘制我们所获得的东西的图画。"（罗宾斯，1994 年，P58）

卡里南不仅进行了对于波普尔式的过程的另一个描述，而且强调了一个事实——在当代建筑设计中，几乎总是包括不只一个人的观点。作为一种交流方式，图纸就加倍重要了。

有人认为，这些引用全部都产生于 20 世纪，而且，设计概念成为一个独立的课题是一个现代的发明，而在某种程度上，这是需要纠正的。

建筑理论的历史上，对于成果比对于过程，对于建筑的视觉品质比对于它们是如何逐渐形成的调查研究，不考虑它们的外观，都倾注了更多的关注。在某种意义上，它更具历史上的倾向，而不是寻求阐释性的概念。过去的关注已经将中心放在秩序的本质和起源、象征符号、柱子和墙体的差别和本质特征、装饰的必需和避免、美与比例的关系、建筑与城市上、以及事实上在每一个时期，放在建筑如何必须既满足功能需求，也要满足艺术上的目标上。主题是我们周围的建成环境，而不是建筑师的心灵。

当然也有例外。一个早期的并且著名的例子是利昂·巴蒂斯塔·阿尔伯蒂（1404～1472 年），他是建筑师、画家、作家、发明家和运动员。在 15 世纪中期，他撰写了其最具影响力的著作——《论建筑》（De Re Aedifi-catoria）（也作《建筑十书》）。直到 1486 年，他去世之后 14 年，此书才出版。在这一著作的第二段，他明确写到：

"……我认为他，建筑师，通过运用自信而美妙的推理和方法，知道如何通过自己的智力和活力来设计，以及如何通过建造来实现，不论怎样，通过移动重物和连接及聚集部件来实现。最为优美地满足人的崇高的需求的目的，为了做到这一点，他必须理解和认识所有最高的和最尊贵的学科。而这就是建筑师。"（阿尔伯蒂，1988 年，P3）

在《建筑十书》中，阿尔伯蒂渴望在"外观"和"材料"之间进行区别。尽管它们具有明显关联，"外观"已经被转换为设计、概念、形式、标准的外形，但作为智力活动总是以某种方式与图纸关联。相似地，他在外观和结构、设计和建造之间进行了明确的区分，在那里，"外观"必须优先于"结构"。我们在当代对于"外观"设计所使用的术语在字面意义上可能与最初的拉丁文不一致，就像约瑟夫·里克沃特（Joseph

Rykwert)，内尔·利奇（Neil Leach）和罗伯特·塔韦诺（Robert Tavernor）在他们的《关于十书中的建筑艺术》(On the Art of Building in Ten Books) 的译文中强调的那样（阿尔伯蒂，1988年）。然而，认识到一种建筑师追求的，预先思考的行为活动是存在的，这是毋庸置疑的。阿尔伯蒂在第一书中明确了这一点。

　　"……应使外观成为最为精确和正确的轮廓，并在头脑中进行构思，用线条和角度生成，而且在充满想像力的有经验的智力中对其不断完善。"（阿尔伯蒂，1988年，P7）

思维与图纸

在建筑中，设计和图纸是密不可分的。此时，图纸是手画的还是计算机画的并没有关系。重要的是将一个想法转化为某些视觉上可以识别的人工制品。提到绘图，我是指在二维的纸和屏幕上画出标记及制作三维的研究模型。它们是进行研究的工具，是设计过程中的一个基本要素。

图纸成为一种设计者和设计的接受者之间进行交流的工具。他们的能够成为交流工具，基于某些人们理解上的常规约定。在这一意义上，建筑制图（平面、剖面、立面）与其他图画不同，与作为艺术品的图画也存在差异。例如，如果拿出一副日本卷轴中的楼阁的图画和一座相似建筑的平面图和剖面图，我们立刻就能了解二者之间特征与内涵上的差异，尽管实际上二者之间具有表面上的相似性。

这些常规约定多半是必要的，因为图纸仅仅是建筑的类比，它与建筑总是存在着差异。不论制图多么努力地想要"精确"或"表达氛围"，它总是不可避免地保持着一副图纸的属性和外观。同样重要的是：

> "在建筑中绘图并不是完成于自然本质之后，而是先于建造的，并非通过反映图纸之外的真实性来产生图纸，而是在图纸之外，真实事物的创造能力将终结。正统现实主义的逻辑是反过来的；正是通过这种倒置，建筑绘图获得了一种巨大的且大多不被承认的原动力：通过隐形（秘密活动）。当我提到不被承认的时候，我是指在原则和理论上不被承认。图纸对于建筑对象的霸权从未真正受到过挑战。已经得到理解的是图纸与它所表现内容的距离，因而导致了自从菲利普·韦伯（Philip Webb）拒绝纸上建筑的奇想以来，在继续画图的同时间歇地拒绝承认绘图，有各种各样不同寻常的暗示，暗示着关于潜意识下的接受，在词语层面之下，或者暗示着它在建筑艺术范围内的唯一优先权，如果它是艺术的话，诸如建筑画，这是一种规则但有极少的例外……，建筑师用他们的图纸来描述自身，就像雕塑家用他们的雕塑、画家用他们的油画一样，这些图纸使后人与他们（真实的）的工作疏远了，业主更是通常保留着用建筑来描述自身的特权。"（埃文斯 Evans，1986 年，P7）

　　某些建筑师已经改变或者甚至忽视常规，他们试图传达印象，而并非传达一种相似性。意味深长地，扎哈·哈迪德（Zaha Hadid）将她的建筑图叫做"绘画"，这可能是试图让它们远离通常的印象。然而，它们仍然不可避免地保持着相似性。

　　在建筑师运用的所有常规中，平面是最奇特和不真实的；这是一种水平的切割，同时展现了在一个水平面上的所有空间，而且是从对普通的使用者而言，永远不存在的一个视点上；只有墙体很低的废墟清晰地展现了其平面形式。然而，平面图却是建筑的基础，即使对于外行多少有些难以理解，因为它可能需要一种艰难的头脑中的转换，将二维的图形转化为三维的体量，是观察者能以平行于平面图的视线角度来观察、理解的三维体量。

　　有人猜想，建筑中平面图的重要性源自于在地面上放样墙体的结构需要。这一基本需要也就成为设计过程中的第一个步骤。正是由于平面图作为对建筑的第一步抽象和类比使勒·柯布西耶的陈述："平面是发生器"如此正确，而且如此与日常的设计经验一致。康也表达了相似的观点："平面表达了形式的（可能性）界限。"继而，作为各个系统的融合，形式是被选取的设计的发生器。平面是形式的展现，然而勒·柯布西耶在《走向新建筑》（Vers une architecture）中继续说道："平面并不是画得漂亮的事物，就像圣母玛利亚的面庞；平面是一种严格的抽象，它只不过是一个代数学的（algebrization）及干巴巴的事物。"就像其他建筑师的情况一样，语言陈述并不总是与设计实践相一致的。

　　在勒·柯布西耶许多绘画中的形式与其设计平面图中的形状的相似性十分明显，这决不是偶然的。它们已经成为了频繁的和具有说服力的分析的主题。

　　勒·柯布西耶之所以不考虑平面的视觉价值，很可能一方面源自于对工程学外观理性的颂扬，另一方面源自于反对鲍扎教育体系的需要在这一体系中，强调平面图的美学特征重要作用。在鲍扎体系中，存在着一种含蓄的、可能甚至是明晰的假设，即在一个优美的平面和一幢优美的建筑之间有一种直接的联系。

　　我们将这种关联的观念归结于阿尔伯蒂，但要指出这种关联具有自身的危险，也可能－但并不能确定－同样具有益处。例如，几乎毫无疑问，康在其生命的最后20年中，在他绘制的几乎每一个平面中都创造了一种强大有力而易于理解的视觉秩序。更具争议的是，对于在建筑中漫游的普通观察者，平面秩序是否总是同样清晰易读的。（屈灵顿社区中心）

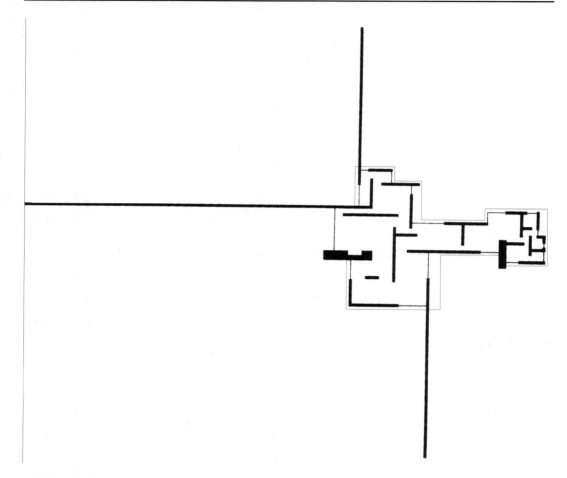

上图
密斯·凡·德·罗，乡村砖宅 1923年；平面

更衣室[1]中开敞的亭子十字形易于理解，这是由于其较小的尺度和在其中心就能够理解整个建筑。然而，在布瑞安·毛厄女子学院[2]，人们从外部看到的是一幢具有两个直凹角、一片石板覆面的墙体的建筑，而通过其面的特性，简单地分解了建筑的巨大体量。在埃克塞特图书馆[3]，宏伟的中央空间展现了在四个轴线上的对称性，而在平面中可以看到的四个转角处的服务性空间，强调对角对称，却对从中心或在楼层中走动的人几乎没有什么影响。还要指出的是，理查兹医学实验楼[4]之所以更易于理解，几乎是因为别致的竖向要素的集合，而不是双轴对称的单元的排列。

1　路易斯·康.李大厦，中国建筑工业出版社，1993，P50.
2　同上，P72.
3　同上，P95.
4　同上，P54.

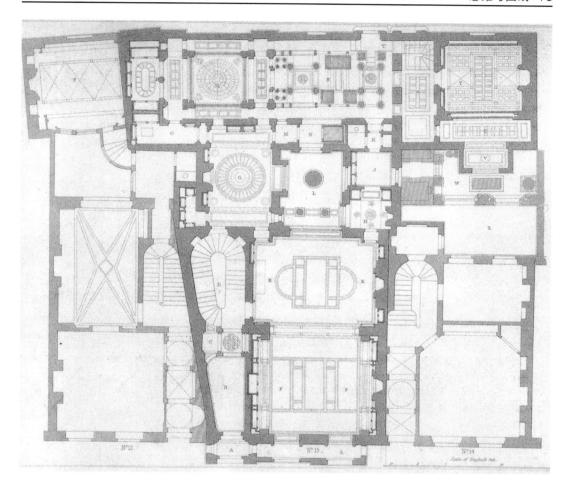

事实上，平面的明确性并不总是反映于我们使用中所感知的建筑之中，作为终极手段对于我并不是至关重要的，因为平面图毕竟只是一个"工具"。重要的是康运用这一工具的方式－强调通过建筑体量从视觉上展现的一种深奥的秩序－使他可能创造一种高贵而严肃的建筑，在文学及隐喻的意义上十分庄重，对这种建筑最好的描述是20世纪晚期的多立克建筑。

另一方面，使密斯·凡·德·罗1923年的乡村砖宅的平面极具吸引力的是在白色背景下的黑色线条的充满动感的布局，这也契合于我们对于作为早期现代主义的一个重要特点的自由布局的空间的期待，相似地，如果我们审视与它差异颇大的，一座文艺复兴时期教堂中对称体量的图

上图
约翰·索恩爵士，林肯因河广场12、13和14号住宅，伦敦；首层平面；约翰·布里顿（John Britton）第一次制版《雕塑与绘画的结合》，伦敦，1827年

底关系，我们就会对一种被绘制出来的建筑有个模糊的概念。以那些给予我们指导及期望之眼的先导经验为基础，我们的视觉将平面转化为某些空间构成。尽管我们进行了这种转化，但我们并不确定三维的真实效果是什么样的。1837年建筑师约翰·索恩爵士去世时的伦敦林肯因河广场12、13和14号住宅平面并未表明其真实的复杂性，这主要是因为平面未能－也无法－记录在顶棚上发生的情况。

一系列的剖面和立面将拓展我们的理解，但仍然依赖于我们的记忆。剖面和立面都是从一个固定的位置观察的结果，而且不能表现在空间感知的关键要素、我们通过空间的运动、我们的水平及垂直方向上的运动感知。计算机模拟是一个意义重大的进步，但－至今－不能记录依赖于头和眼的运动、依赖于从空间到细部的视觉焦点的不断转换、以及中心视觉和周边视觉之间视觉精确度上的差异而产生的视觉上的微妙变化，而这些对我们全面评价建筑空间都是极为重要的。还有一个简单的感知方面的问题：如果我们看一幅画，相同的影像出现于每一片视网膜上，如果我们看一个立体的三维物体，在每一片视网膜上都会出现不同的影像［见P112和P116（旅行、书籍及记忆）］。

就像我们对待一种视觉媒介一样，对平面的美学要求是不可避免的，尽管我们知道平面是一种常规，可能甚至是一种令人迷惑和荒谬的常规。存在着一种期望，在建筑的一般特征和平面样式之间，平面具有某种一致性的期望。这也许不是一个根据充分的期望，但是却很难否认它的存在。

就像有经验的追踪者能够从足印中辨别出是那种动物一样，因此我们多少会感觉到我们能够从建筑的平面中判断建筑的构成，或者至少认为我们具有这样的能力。在某种程度上，这是一个经验的问题，但是某些标志是明显的，而且并不需要一种训练有素的眼光来做到它。

例如，德国富尔达（Fulda）[5]的加洛林教堂的平面直接传达了一种简洁的意义，以及基督教十字架的明显象征。这与15世纪晚期在捷克共和国境内的库特纳·霍拉（Kutná Hora）的圣巴巴拉教堂的正殿和牧区司铎宅邸的平面具有很大差异，尽管两座教堂共享同一平面形式来源。我们立刻感觉到圣巴巴拉教堂的巨大的空间复杂性。这主要表现在，按照惯例应当展示头顶之上的空间，在这个案例中则是复杂的晚期哥特式拱顶。两座教堂都符合于欧几里得几何学。另一方面，许多城堡的平面表现出非欧几里得几何学的特征，这产生于对等高线和防卫需求

---

5 富尔达，德国中部城市，濒临富尔达河，该城是由744年建的本笃会修道院发展而来。

的关注。这些抽象的形式现在赋予我们视觉上的愉悦,尽管我们完全了解这从来都不是有意为之的。

在设计的时候,一个平面的外观的重要性是十分有意义的。我们评判一个平面的好坏,不仅根据它能否通过空间布局和对体量特征的标示来解决功能方面的问题,而且完全把它当作一种二维的抽象作品来进行评判。我们的眼光受到纸上标记的诱导;我赞美圣巴巴拉教堂平面中的线条,即使我在建筑中从未真正看到与在纸上一样的平面形式。

已知的建筑制图的局限性并不妨碍它们满足三个至关重要而又截然不同的作用:作为设计思考过程的一个组成部分、作为向业主和使用者展现建筑将会是什么样的指示、以及作为对于房屋建造的一整套详尽的指南。这三种作用可以以手工实现,也可以由计算机辅助设计来实现,或者通过二者的结合来实现。这三种作用的区别在于其目的和实施。此刻,与本次讨论关系最为密切的是第一种作用。

当埃里克·门德尔松(Erich Mendelsohn)于1920年绘制波茨坦爱因斯坦天文台的小比例铅笔草图时,或者当里查德·罗杰斯事务所的马克·戴维斯在1996年5月为千禧年穹隆创作了一系列概念草图的时候,都有一种不可避免的,而且可能是必要的模糊性。最初的想法可能仅仅关注某些主要的意图,关注于某些作出标示,但可以进一步拓展的

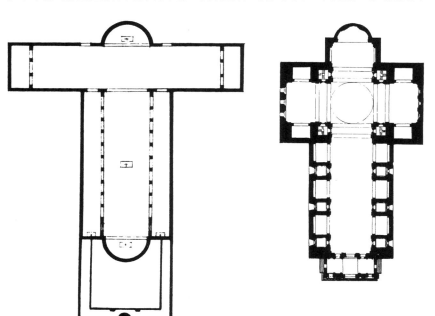

左图
SS·萨尔瓦托和博尼法提乌斯(SS.Salvator & Bonifatius),富尔达,德国,791~819年;加洛林教堂(Carolingian church)和正殿的平面

右图
利昂·巴蒂斯塔·阿尔伯蒂,S·安德里亚,曼图亚,意大利,1470年—

态势；它们都是头脑中形成的对于假设的试验性回答。在这一意义上，它们类似于画家通过素描而进行的早期探索。然而，它们存在很大的差异，因为一位画家的草图将会转化为另一幅二维的图画，而建筑师的探索是在一个完全不同比例的三维形式的开端。

　　然而，就像画家的作品一样，建筑师的设计图也是眼与手相互协作的成果，即使它是在电脑上完成的。它们最接近于发生在设计过程中的手工艺活动。因此，在几种文化中都有这样一个故事，一个统治者命令一位建筑师为他设计一座建筑，统治者对于结果十分满意，以至于他将

建筑师的眼睛挖掉或是将他的手砍掉，以使建筑师所设计的建筑无法被复制，这也就不足为奇了。

　　与草图不同，交给建造者或制造厂家的设计图必须是准确和不模糊的。这些通常通过绘制标准比例的大样图来实现，甚至有时如在铝材挤压型材的情况一样，以2:1的比例来绘图。这完全符合中世纪建筑师排布平面的传统。

　　　　"在为这一目的而特殊设置的放样房中。放样房的地板用石膏灰
　　　　泥覆盖，在上面建筑师画出与实物一样大小的教堂拱顶或某些其他
　　　　特征的一部分，表明各种可能的情况。然后，木工被召集起来，他
　　　　们使用特殊的厚木板来制作样板，然后用这些样板来使石材成形。"
　　　　[吉姆佩尔（Gimpel），1983年，P115]

　　我们向使用者和业主出示的设计图引起了特殊的困难。门德尔松用粗软的铅笔画下的标记对他自己具有一定的含义，这些含义与在建筑中

下图
理查德·罗杰斯事务所，千禧年穹隆，伦敦，1999年；马克·戴维斯绘制的最初的概念草图，1996年5月

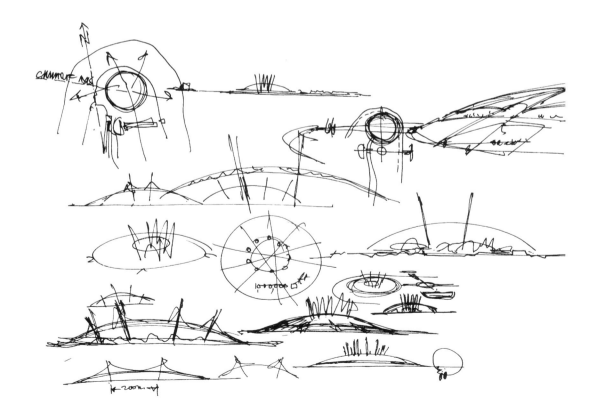

配合工作的科学家能够想像的含义未必一致。不同的期望之眼在发挥效用。我们应该谨慎地展示建筑项目的详尽的透视图，或者应该通过其他的方式来体现建筑及其空间的氛围吗？计算机直观显示和三维模型都不能解决这一难题。尺度上的悬殊总成为一个严重而无法逾越的障碍。除形式之外、颜色和质地都十分依赖于尺度。

其他的非语言媒介都具有相似的，如果不是更大的，困难。例如，在音乐中，在乐谱的黑色标记和我们听到所演奏出的声音之间并没有听觉上的联系；音乐符号的规则更加抽象。舞蹈也有同样的问题，要找到一定的方式去记录由舞蹈动作设计者想像出来的那些动作。

由未上漆的木头和一些白卡纸制成的模型是建筑师的首选，因为它们与那些微型建筑的像玩具一样的特性是极不相同的。模型的制作通常都是为了特别而有限的目的：一个透明的丙烯酸模型也许可以表现楼板在剖面上的设置，但是，它并不能说明在建筑内部人的感觉。

在很多时候，在建筑师的设计图和正式的建筑语汇之间具有广泛的相互作用关系。轴测投影或通常倾斜45°的鸟瞰视角的选择都表明了对于体块并置的强调，而不是在文艺复兴时期建筑中占据统治地位的立面的正面效果。潜藏于设计背后的意图，诸如展出于 1931 年、由阿尔伯托·萨尔托里斯（Alberto Sartoris）所作的弗莱堡一座教堂的图纸，非常类似于影响佐治亚州亚特兰大市海伊（High）艺术博物馆的视景的图纸，这一博物馆由理查德·迈耶在 1980～1983 年间设计。来自于詹姆斯·斯特林工作室的许多图纸倒置轴测图，使它变成从下面往上看，排除了屋面却强调了顶棚。舒瓦西（Choisy）在 19 世纪使用了这种方法，

左图
埃里克·门德尔松，波茨坦的天文台草图，1920 年

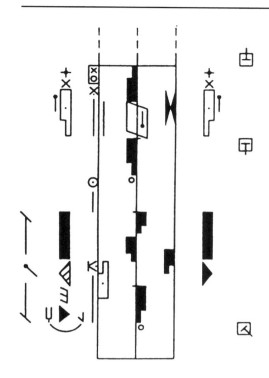

左图
拉班舞谱[6]（Laban Dance Notation）
舞者单脚逆时针跳转180°，向前方曲体的同时将右腿弯曲于身下，双臂坏抱于身前。她（他）向前奔跑并跳跃，向左曲体，双臂向身体两侧伸展，使右臂在肘部弯曲，使指尖接触肩膀（由吉恩·贾雷尔绘图及配文，高级讲师，拉班，2003年）

在一张图中同时表达教堂的平面、剖面和拱顶顶棚。

让我们来看另一个19世纪的例子，比如说到由卡尔·弗雷德里西·申克尔设计的位于波茨坦附近夏洛滕霍夫（Charlottenhof）的加德纳住宅[以版画形式出现于《建筑方案图选集》（Sammlung architectonischer Entwüfe）一书中，该书在1819年和1840年之间以连载的形式首次出版，就会了解不同的意图，而不仅仅是不同的风格。首先，它是一幅版画，而且它是由别人加工的。然而，更重要的是，根据已经设计出来的建筑所画的透视图是一幢在设定场景中的建筑，而不是在设计过程中研究的草图。因此，重点关注于植物、水、小划船里的船夫、天鹅，以及它们的倒影。像伦敦巴斯和摄政公园的台地一样，建筑和景观之间的重要关系当然就是新古典主义时期的特征，而且在这幅版画中具有显而易见的影响；以及其在这些雕刻中的明显的影响。帕拉蒂奥并没有将他的别墅绘制于它们所在的乡村场景之中。

在连续性和创新性方面，设计图是中立的这一点有争议；我们可以

6　拉班舞谱，一种舞步记谱法，用各种不同符号记录舞蹈者身体姿势、运动方向、节奏和速度。

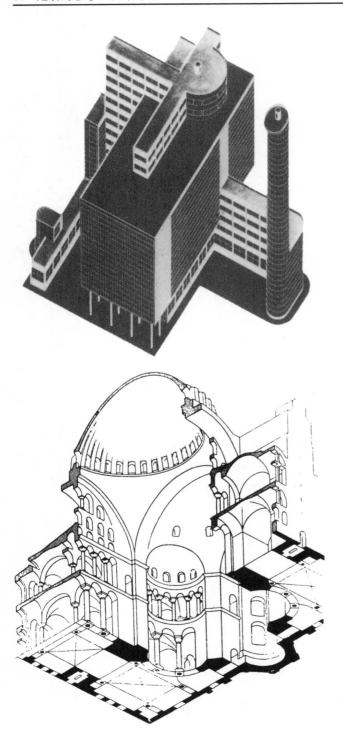

左上图
阿尔伯托·萨尔托里
斯（Alberto Sart-
oris），弗里堡教堂提
交方案，1931 年

左下图
舒瓦西，圣索菲亚教
堂，伊斯坦布尔；刻版
于"建筑历史"1899年；
1927年勒·柯布西耶在
"走向新建筑"中使用
了舒瓦西的图

上图
卡尔·弗雷德里西·申
克尔,位于波茨坦附近
夏洛滕霍夫的加德纳
住宅透视图;翻版于
《建筑方案图选集》,
在1819年到1840年之
间连载发表

画传统的,同样也可以画前卫的。为了能够描绘某些诸如毕尔巴鄂古根海姆博物馆那样的复杂形式,我们需要高度复杂、先进的软件程序。而且,没有计算机辅助设计(CAD)的应用,那些建筑的组成部分就不可能完成。像伦敦千禧年穹隆(Millennium Dome)这样的结构也是如此。因此,看起来,只有使用有效的软件,这些软件使建筑和结构可以被绘制、计算、制造和安装,才能够创造出创新性的建筑和工程设计。

　　事实上设计图只是建筑的一个类比物,还要考虑到那些由于资金的缺乏或现在对某种特定技术的缺乏,使得建筑思想不能实现。纯理论上的和奇异的建筑的历史是长久的,也是荣耀的。在这个意义上,绘图使创新变得更加容易,因此也就更加可能。例如,我们将其与表现主义建筑联系起来的许多极富活力的建筑在其最初阶段几乎是无法建造的。然而,它们在其自发性中记录了几乎是狂风暴雨式的活力,这也是它们的出发点;它们也明显非常喜好争辩,因此也常常批评现有的实践活动。它们表现了一种充满幻想的试验性解决方案。

　　在这一谱系的另一端,可以说,具有最小程度的创新的建筑,诸如许多社会中的乡土建筑,能够完全不需要任何设计图。在那里不存在对现有形式和建造方法的批判,也没有理由不再继续以前所作的一切。因此,也就没有必要去找寻一种试验性的解决方案来作为一种类比;而是可能会运用深植于传统中的经验,直接从头开始建造一座谷仓、一栋住宅和一座神殿。

左图
马克思·陶特，布劳索
姆住宅，1921 年；水
彩、墨线和炭笔草图

　　当设计图成为一种必需品，而且是设计和建造过程的必备工具时，它们可能在社会学意义上不再中立了。设计图赋予，或是至少表面上赋予一个特定的职业以权力。就正如社会人类学家爱德华·罗宾斯（Edward Robbins）他总结对于图纸的作用分析一样：

　　　　"最终，无论是好是坏，如果没有图纸给予建筑师对于他们所设计的事物的概念上的支配权，没有给予他们对于建筑创作的权威及相伴的对它的控制力，建筑实践及建成环境就不会成为今天这种状况。然而，在人类学的外行和建筑学的内行之间开始关于绘图的对话，即使到了人们声称——人类学家的意见——看起来是关键性的程度，这一对话也只是有助于扩大建筑的可能性。在今天，我们运用和理解媒介的方式、以及虚幻与现实之间的关系，都在快速地变化着。结果，我们如何将社会责任及位置分派给那些运用这些媒介，并处理虚拟与现实关系的文化行动参与者，这也将发生改变。如果建筑师想要在这些变化中扮演一个角色，而且如果他们想要实现未来的全部潜力的话，他们就必须审视自己现今的实践活动。在建筑师之间以及建筑师与其他人之间的关于绘图的对话是一个至关重要的起点。"（罗宾斯，1994年，P300）

　　去否认设计图代表了一种神秘性，因而代表了某种力量几乎是神父般的标志，远离其作为指令的传送器的功能了，这是十分愚蠢的。如果我们想让非建筑师扮演一种更为重要的角色、进行决策、或者至少理解设计决策的过程，没有图纸和模型能怎么办呢？二者都是受限的和易于操作的。由于建筑是一种视觉媒介，我在周围看不到出路。词语肯定不是解决的办法；在词语和三维的真实之间并没有直接的对应关系。罗宾斯并未表明如何克服这一障碍，尽管他怎样鼓励我们去努力。看起来，电子描述手段也不可能解决这一问题，它们毕竟只是另一种形式的图纸，它们同样赋予设计者以权力。可以证实的是，虚拟现实可能赋予其创作者以更高的信任度和持久性，因为它更为逼真。

从前它是（像）这样的么？

    不论我们决心追求连续性还是创新性，或者也许是二者的结合，过去的历史都是至关重要的。它既是最初原型的源泉，也是某些不加批判地得以延续的事物。然而，我们是否十分确定地读懂和理解过去，甚至是刚刚过去的过去吗？或是我们总是处于"我们认为是别人的过去从来就不是任何人的现在"的境地吗？这是一个与旧建筑保护和修缮、与那些宣称要保护我们的历史遗产的机构提出的要求有关，以及与我们如何全面理解过去各方面密切相关的问题。

    为了了解过去，我们依赖于某些形式的文献，以最广泛的意义来运用术语：依赖于契约、账簿、一座建筑、绘画、照片、一位健在的证人，当然还有早期的历史记录，他们自身也依赖于某些书面的证据。就建筑而言，我们必须严重依赖于，尽管不是惟一地，视觉方面的证据。流传到我们手中的维特鲁威的原稿没有插图，除了在页边空白处有一幅图表之外，尽管维特鲁威引用了应当出现于几本书最后的插图。然而，维特鲁威能够使我们非常深入地了解罗马建筑，尽管这更多地依赖于建成的罗马建筑的遗存。

    这些遗存向我们提供了线索，但却必然处于异类的环境之中；即使

下图
约翰·伍德兄弟中的兄长，女王的温泉浴场，英格兰，1728年；南立面

一座像尼姆的卡里神庙一样保存完好的神庙，也几乎不能传达其原初的印象。我们通过不同的视角来观察留存下来的建筑。如果我们观察那些在建筑建成不久之后完成的建筑画，如果我们能够像过去观察建筑那样去观察，我们也许可以更接近于原本的效果；如果我们可以以过去的方式来观察建筑的话。我记得我曾经问过亨利·拉塞尔·希契科克，为什么他总是在讲座中喜欢使用褪色的黑白幻灯片：他主张这些幻灯片都更接近于某些最初的景象，因为它们通常将高架电线、公交车和汽车、街道和商店标志排除在外。

　　2000年，在一项看起来似乎微不足道的、替换巴斯的25皇家新月宫（25 Royal Crescent）的玻璃窗格栅的计划中，这一问题的复杂性就显得十分明显。这座建筑修建于1767年至1775年间，由小约翰·伍德设计，是新古典主义伊斯兰新月楼（Crescent）的一部分。那一时期中具有典型的立面图将窗户表现为黑色或白色；在图中确实没有玻璃的再次划分。这是一个普遍性的，而且先于约翰·伍德兄弟的作品出现的

下图
吉奥瓦尼·巴蒂斯塔·皮拉内西，波波罗广场 1746～1748年?，制版于他的《观罗马》(Vedute di Roma)

常规。我们知道，这一设计图是不可能实现的，因为如此大块的玻璃是不存在的，而且在任何情况下，窗户必须是能打开的。当代巴斯的图片就清楚地展现了所有建筑的窗户都具有窗格。因此，这一常规纯粹是一种便利做法吗，或深色的开启表现了某种使实体和虚空之间的对比更加明显的适当的立面简化吗？约翰·伍德真的已经愉快地接受维多利亚时期发生的改变，使用大块的玻璃，使得在垂直推拉窗窗框上只有一根横框成为了可能吗？开窗更接近于他的设计意图，因而有人认为也就更正确了。甚至当代的图纸也是不可靠的和也许不值得信赖的指南。

同一时代中最成功的描述却创造出一种不同的文脉和氛围，这看起来似乎有些奇怪，而且也可能会冲击我们对于已经改变的观念的过于期待的眼球。吉奥瓦尼·巴蒂斯塔·皮拉内西（Giovanni Battista Piranesi）[1]的关于罗马的版画，他的《观罗马》可能发表于1746年以前；表现了18世纪中期的城市。他们囊括了古代的遗迹和更为接近现代的文艺复兴建筑。圣彼得大教堂的景象揭示了它被未完成的道路所环绕，附近有一个饮马水槽和悬垂的洗涤盆冲洗马匹的坡道。在波波罗广场的景象中，同样的未完成的道路和车辙甚至更为明显；在埃及方尖碑的另一边，是由卡洛·雷纳尔蒂设计1662年建成的双子教堂，而且由四轮马车留下的轨迹和建筑同样表明了三条进入罗马的轴线。在关于罗马广场的版画中，有看起来像是牛拉的运送干草的货车，以及有几人看守的用栅栏围起来的牲畜。相似地，一幅16世纪关于西斯克图五世（Sixtus V）－他在1585～1590年间担任教皇－时期罗马科洛纳（Colonna）广场的画作中就包括那些使用广场的人，有一位牧羊人和他的羊群、几个养马的人、一个正在为马钉马掌的铁匠，以及几头负重的驴和一群拿着草耙的人。安布罗吉奥·洛伦泽蒂（Ambrogio Lorenzetti）[2]1338年在锡耶纳公共广场画过壁画"好政府的寓言"，画中就有一群在城墙内放养的羊群。500年后的1840年，哥本哈根市中心的圆塔和三合一教堂的景象中有一辆巨大的农用货车，上面堆满了高高的干草，遮挡了教堂的一部分。而且，在城中到处放养的动物都以植物为食，因此根本不可能存在一条林荫大道。

数个世纪以来，在欧洲的大部分地区，城市都是一个城市化了的农场。这种情况一直持续到19世纪，以致于街道都由于马粪和泥浆而变

1　吉奥瓦尼·巴蒂斯塔·皮拉内西，1720～1778年，意大利建筑师、艺术家。

2　安布罗吉奥·洛伦泽蒂，卒于1348年，意大利锡耶纳画家，创作了一系列在锡耶纳的壁画。

得一塌糊涂。我们今天从对面平整的马路和人行道上欣赏的建筑，最初
就是在这样的环境中被观看的。我们对于城市的标准理解只是一个20
世纪的发明。

　　我们对于室内的想像中的图景也是如此。例如，我们认为房间中的
家具都在空间中各得其位。在英格兰18世纪的大部分时间中，椅子、餐
具柜和烛台都是靠墙摆放的，只是在需要时才移出来。在某种意义上，

房间的中心是空旷的。可是最大的不同是在夜间。许多画作都表现了小范围的亮光是怎样出现的，以及人们怎样坐在蜡烛和煤油灯下阅读和做针线活。只有桌子被照亮，而其余的空间都是黑暗的。为了减轻阴暗的感觉，镜子、烛台上磨光的金属盘，镀金的刻花玻璃灯饰在它们所在之处，使光线闪烁和反射。蜡烛十分昂贵，而且易于产生烟尘——也是火灾的隐患——因此它不能被大量地使用，除非是在特殊的场合，富人才会大量使用蜡烛。开放的燃烧方式产生了一些摇曳不定的光线。

　　尽管煤油灯有了很大的改进－尤其是具有玻璃灯罩的法国阿古德油灯——但还是煤气灯照明的出现使得房间的面貌得到了很大的改变。整个空间变得更明亮了，而且全家就没有必要围在一根蜡烛的周围。在伦

THE SUSPICIOUS HUSBAND

左图
佚名，1770年"猜疑的丈夫"

敦，煤气灯于1815年进入家庭，而在三年前，一家煤气灯公司就已经成立。直到大约1887年白炽灯的出现，使得强度适当的光线成为可能之前，光线来自于能够控制的火焰。而现在尽管电灯已经广泛使用，而且具有高度的适应性，我们仍然在宴会的餐桌上摆上蜡烛，要想像意大利宫殿或乔治王朝的住宅中一根蜡烛的情景，需要一系列想像力的飞跃。

蜡烛改变了色彩的观感。蜡烛摆放在桌上使颜色变得令人愉悦，因为其光线偏重于光谱中的红色。另一方面，煤气灯被认为是不合适的，因为它使人看起来变绿了。无论在什么样的光线下，色彩都与室内联系在一起。大部分都是适用的色彩。我们不会将适用的颜色和外部同样直接联系在一起；现今，彩饰是一个令人惊奇的例外，然而也并非总是这样。我们已经长期习惯将希腊神庙和哥特式大教堂看作是纯洁的石头建筑，而且因材料的统一特征而对之大加赞美，我们极为抵制它们曾被彩饰的事实；举一个极端的想法，它们事实上更像是同时代的印度南部的庙宇，而不像是我们根据古代已经废墟遗迹而想像出来的白色石灰石的形式。

色彩被用于一部分希腊庙宇并不是真正的争议所在。特别在19世纪上半期已经发现颜色的痕迹，并将其记录下来。例如，在帕提农神庙的檐口上就发现了蓝色、红色和黄色的颜料。(多德韦尔Dodwell，1819年) 这加剧了关于彩色的争论，在这一争论中，建筑考古学家雅克尔·格纳斯·希托夫（Jacques－lgnace Hittorf）、建筑学家和历史学家戈特弗里德·森帕（Gottfried Semper）[3]最为积极地主张用彩色装饰，甚至主张一种连续一贯的色彩系统。他们也有一些来自于维特鲁威的书面文字的支持（1983），维特鲁威在第四书的第二节中陈述道，三陇板（trygliphs）被涂上了蓝色的石蜡。然而，这看起来好像是关于木质的原型。这些原型在那一章节中有相关讨论。

森帕相信，在希腊神庙中：

"白色的大理石从来都不是裸露的，即使是专门呈现出白色的部分也不是裸露的；但是，大理石上覆盖的颜色层都或多或少地呈现出透明感，这是为了使得大理石的白色能透过它而表现出来。以同样的方式，有色的或磨光的大理石、花岗石、象牙、黄金和建筑物的其他金属材料部分都被一层透明色彩的覆面层保护起来。埃及以花岗石建造的纪念碑，以及古代很多作家提到这一实际情况的文

3　戈特弗里德·森帕，1803～1879年，德国19世纪最著名的建筑师之一。代表作品为德累斯顿歌剧院。

字都提供了进一步的证据。"（森帕，1851 年，P243）

从结果上看，他的想像和我们的迥然不同，但却同样可能充满浪漫色彩，同样可能值得怀疑。

　　"神庙的主导色彩与落日的余晖交相辉映。这种颜色也许可以被定义为黄红色，非常的朦胧，就像最美妙的赤陶。事实上，神庙的总体外观正好类似于东[4]方气候条件下晴天的景象。"（森帕，1851年，P245）

有两样东西激发了森帕的热情，其一是他希望传播自己的观点，包括坚信墙体起源于有颜色的纺织幔帐，其二是他想要鼓励"多彩装饰的复兴"。非常相似地，我们热衷于古代雅典神庙，无疑受到了认同20世纪白色建筑的影响。

在英格兰，多彩装饰在19世纪受到了由欧文·琼斯（Owen Jones）创作的三部出版物的有力拥护：《阿尔罕布拉宫[5]的平面、立面、剖面和细部》（1842～1846年）、《意大利彩色装饰》（The Polychromatic Ornament of Italy）（1846）和《装饰的原理》（Grammar of Ornament）（1856）。当然，与帕提农神庙相比，我们更容易接受不熟悉的西班牙南部的伊斯兰宫殿应该展示出多种色彩，远非因为事实证据－耐久的磁砖的缘故－它们仍更容易看见。在 19 世纪中并不确定的、并且现在仍不确定的是在古典神庙中运用色彩的程度：只是用于挑选出来的特定部分，还是整个建筑都涂满了颜色。然而，即使只是小块的颜色也很难与我们对一座希腊神庙特征的公认观点相符。

当我们更加走近我们自己的时代，我们的评价并不必然地变得更为准确。我们都完全习惯于哥特式教堂的室内色彩：彩绘顶棚、浮雕装饰、偶而有壁画，当然还有彩色玻璃的壮丽色彩。事实上，如果没有彩色玻璃，而白色的光线射入空间的时候，我们一定会感到惊讶。可是外部则是另一种情况。我们期望看到石材、或者有时是砖，就像在阿尔比那样，以至于1310～1330年间的奥维多（Orvieto）大教堂的西立面看起来有些奇怪。这一教堂中，不同颜色的石头形成水平条纹，与彩色的大理石和马赛克相结合，产生了一种几乎让人惊讶不已的生

4　疑有误，似为南方气候下晴天的景色。

5　阿尔罕布拉宫，位于西班牙格拉纳达，是建在山顶，俯视全城的一座堡垒及宫殿。摩尔国王修建于 12 和 13 世纪，是西班牙摩尔建筑的典型代表。

动鲜明的彩色装饰效果。

　　由于它很相像森帕的解释："在南部气候条件下晴天的景象"，某些被北方哥特风格所感染的人可能会忽视奥维多的地理位置。这样做是很危险的，并且忽视了公认的十分稀有的现存证据。绘画已经被侵蚀，而且尤其是自 19 世纪以来由于污染造成了化学分解。例如，对埃克塞特教堂 (Exeter Cathedral) 西立面中绘画残片的分析表明大部分区域都是彩色的，主要有绿色、红色和橙色。(辛克莱，1991 年，P116) 埃克塞特教堂很可能不是惟一的例子。

　　在对韦尔斯教堂西立面的很长的修复过程中，在石雕缝隙中又再次发现了绘画残片。

　　挑选这些例子——城市化的农场，人造光的特征和色彩的使用，是为了表明我们对于过去的观点可能是错误的，至少是非常片面的。现今的情况，如同我们当下对过去想像一样，事实上并不是表达过去情形的可靠的线索。这也许无关紧要，并且在任何情况下都是一种被误导了的努力。过去不应是被模仿的，而应是被挖掘的源泉；正是在那里，我们的眼睛要去发掘相关的内容，并以此作新事物的重要的出发点。过分沉醉于准确复制和完全复制的想法可能会使我们错过真正重要的东西。坚持逼真地再现必定会阻碍我们想像和创造，而这也是不可能实现的，并总是不真实的。恰恰是因为作为出发点的古代的依据十分含糊，文艺复兴才会如此具有创新性，才会如此成功。

旅行、书籍与记忆

我们承认（并不总是有意识地），版画、照片、模型、电影或是电子仿真都不能传达一座建筑全部的真实情况。弗兰克·盖里的古根海姆博物馆已经在专业期刊、星期天彩色增刊中进行了配图介绍，而且在电视上进行了展示，然而对毕尔巴鄂的朝圣势头仍然持续，未曾减弱。仿佛为了全面地体验这一建筑，我们必须要触摸这一建筑似的。

沃尔特·本杰明（Walter Benjamin）和其他人业已讨论过再现中的隐藏的陷阱。例如，伊凡·加斯克尔（Ivan Gaskell）在关于佛梅尔[1] 1672 年的一幅画作——《站在维金纳琴边的妇女》的书中，描绘了 19世纪中期的版画中怎样使妇女转移她的目光。要使它符合于同时代的风俗，这种风俗认为只有妓女才会向后看（加斯克尔，2000 年，P135）。我们意识到存在着某些相互抵触的地方，这并不是在最初事物的和再现之间的简单而完全的一致。在建筑中，就像语言之间的翻译一样，在任何情况下这都是不可能完全一致的；如果完全一致，那么它就成了原来的建筑的克隆。

问题往往是再现的媒介，不能复制甚或不能模拟原作的特征。在建筑中，这一问题尤为突出。建筑通常是被运动中的观察者所体验，即使

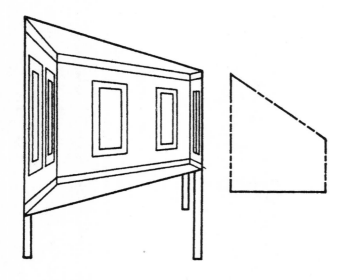

左图
埃姆斯实验；以单眼来观察，具有倾斜地面、墙体和顶棚的房间在透视中被感觉为一个矩形的房间

1　佛梅尔，1632～1675 年，荷兰画家。

观察者有时会停下来关注某些空间和细部。这一对形象的连续观察过程使对整体体验至关重要的空间中的运动成为了必需的条件。即使没有肌肉的运动，比如坐轮椅的参观者，需要在整个建筑中行进，以及必须连续调整我们眼睛的焦点，对于我们的感知，都是必不可少的要素。至今还没有对于那种运动感知体验的适当的再现。它相当程度上依赖于足尺的比例；计算机"飞越式的"仿真模拟或是在一个三维模型中的视景具有不同的感觉，正如已经表明的那样，相当重要的原因是眼光固定于一个焦点，而且无需移动就可以使兴趣对象保持在视网膜中心。

看起来有些自相矛盾的是，问题在于摄影艺术向我们展示了太多的内容。整个画面都在视线焦点中，而实际上，我们可以十分清楚地看到视锥体中心的影像，而在边缘的影像就没有那么清楚了。视觉中心的圆锥面的角度大概只有2°，不太清晰的周围视觉为我们提供了微小细节信息的背景。结果，我们持续地移动眼球，而且如果必要的话，为了确保影响在清晰视野中，我们的头也可以移动。广角镜头的运用只是增加了摄影的不真实性。

当然，我们从照片、电影和电脑影像中接收的信息大大依赖于我们的视觉记忆。期望之眼一直在运作，就像在埃姆斯实验中所证实的那样。我们拒绝把一个旋转的梯形窗看成任何其他东西，而是把它看成是正常的晃动的矩形窗框，透视将90°的直角变形成梯形了。更深入的研究还发现，来自于乡村的——在那里矩形窗户更为少见——非洲男孩与那些来自于城市地区或欧洲的男孩相比，更不易于受到这种错觉的影响。这并不表明这种感知上的错觉是持续发生的，而是说我们极为依赖视觉方面的记忆。

旅行对设计具有非常直接的影响的时期是遍游欧洲大陆的教育旅行全盛的时期，主要是17和18世纪去意大利的旅行，寻找在建筑和雕塑方面的古典主义传统，以及后来的绘画中的文艺复兴传统的根源。旅行起初主要由富有的贵族成员发起，随行人员常常包括艺术家、建筑师或学者。这种朝圣活动伴随着困难和社交的快乐，经常被看作是一位年轻绅士所必要的教育的一部分。人们认为，在1598年和1601年之间，通过Lord Roos 列车，伊尼戈·琼斯（Inigo Jones）[2]去了法国、德国和意大利。而1612年和1615年之间，作为托马斯·霍华德（Thomas Howard）、阿伦德尔（Arundel）伯爵和他妻子的特殊向导，他再次去了意大利。

---

2 伊尼戈·琼斯，1573~1652年，英国建筑师，曾把帕拉弟奥古典主义风格带到英国。

上图

亨利·帕克，罗马卡斯特和波吕丢刻斯神庙的学生测绘；索恩在1819年皇家学会上的演讲中，为了说明科林斯柱式所绘制的水彩画；伦敦索恩博物馆

女王在格林威治的行宫的设计可以追溯到他从意大利回来之后数年；在怀特霍尔宴会厅是1619～1622年间设计的，这在他第二次参观访问回国后的四年。

18世纪末拿破仑一世进行的战争使在欧洲的旅行中断了。人们的兴趣就向东方转移。在英国，这种兴趣被罗伯特·伍德的《帕尔迈拉[3]的遗迹》（Ruins of Palmyra）（1755），斯图尔特和莱维特的《雅典的古代建筑》（1762），以及罗伯特·亚当的《达尔马提亚地区[4]斯巴拉多市[5]戴克里先宫的遗迹》（1764）所激发。旅行者们走出意大利，来到了希腊、中东和埃及。新希腊成为了一种风格；尤其是在拿破仑征服埃及之后，埃及的主题使他们找到了建筑和内部装饰的方法。

旅行的影响仍然没有任何减退的迹象。我们将旅行用作对我们复制已经看到的东西的证明，还把它用作先例的源泉。正如威廉·钱伯斯（William Chambers）爵士在19世纪中写道的："旅行对于建筑师就像大学对于一位文化人那样。"自18世纪以来，旅行的目的地已经发生了变化，即使意大利很难失去吸引力。在20世纪中期，斯堪的纳维亚、美国和勒·柯布西耶在法国的作品同在不同的时期内成为了建筑朝圣的目的地；在20世纪末，巴塞罗那和毕尔巴鄂跃居名单的头名。

当然，在20世纪，摄影术具有重大的影响，而且与旅行相联系；开始是黑白照片，接着是彩色反转片。很难想像，没有彩色幻灯片的辅助，现在关于建筑的讲座怎样进行。大部分学生对历史上重要建筑的了解来自于投射在屏幕上的图像。这必然影响我们的判断，至少因为摄影师已经选取了最优的角度。正是摄影师的眼光，而不是我们自己的眼光对信息进行了筛选。

为什么照片或其他二维表现方法不能复制我们对三维对象的正常视景，有一个简单的而不可避免的原因。利昂纳多知道，当看一个球体的时候，左眼更多地关注左侧，而右眼更多地关注右侧。直到1838年，一位物理学家查尔斯·惠特斯通（Charles Wheatstone）才明确了立体视觉的定义，他写道：

"为什么艺术家不可能对近处实体的对象做出可信的表现，换句话说，不可能创作出在头脑中与对象本身毫无区别地再现的绘

3　帕尔迈拉，叙利亚中部古城，位于大马士革东北。
4　达尔马提亚，南斯拉夫西部一历史地区，濒临亚得里亚海。（斯巴拉多，南斯拉夫港口城市）
5　斯巴拉多，南斯拉夫港口城市。

上图
托马斯·杰斐逊，草坪，弗吉尼亚大学，夏洛茨维尔，弗吉尼亚1817～1826年；圆形大厅和附属建筑二和四（II&IV）

画，现在这是显而易见的。当用双眼观察绘画和实体对象的时候，在观察绘画的情况下，两幅相似的影像被投射到视网膜上，在观察实体对象的情况下，投射的两幅影像是不同的，因此，在两种情况中对感觉器官的影响，继而在头脑中形成的感觉之间，具有本质的差异；因此绘画无法达到与立体的对象无法分清的地步。"

　　已经出版的大量有关建筑的书籍非常依赖摄影，相当多的建筑师的声誉都是以正确评价发表于期刊杂志中的作品为基础的。个人化的核实有时是一种冲击；例如，与人们根据照片的推断相比，弗兰克·劳埃德·赖特的西塔里埃森中的空间似乎要小得多。然而，书籍是先例的强有力的传播者，它也会影响对于原型的选择。

在西方建筑的历史中，最具影响力的书籍很可能是帕拉蒂奥的《建筑四书》。在17和18世纪的大部分时间里，在英国占据主导地位的风格在美国的东海岸也很流行，并在18世纪到19世纪初的时间范围内，对其他殖民地的建筑产生了影响，这种风格可以追溯到帕拉蒂奥的图解。帕拉蒂奥的《建筑四书》的几种译文和版本有多么重要，可以从一个事实进行判断；这个事实是，托马斯·杰斐逊（1743～1826年）——总统和建筑师——到意大利旅行，研究水稻耕种，但却从未见过帕拉蒂奥设计的建筑。但是，总统却拥有由吉亚科莫·利奥尼（Giacomo Leoni）翻译的出版于1715年《建筑四书》的译文版。在他生命中的后期，尽管杰斐逊崇拜法国新古典主义建筑并受到它的影响，帕拉蒂奥的作品却一直是其源泉和试金石。在弗吉尼亚大学中杰斐逊设计的帕拉蒂奥式的"草坪"是这个新兴共和国早期岁月中最重要的建筑之一。（布劳恩，1994年）

书籍的价值也许就在于其广泛的传播，它推动了一种风格的建立，也就是推动了被非常广泛地接受的一种特有形式的词汇表的建立。它们的重要意义也许还应归因于－也许是自相矛盾的－事实上它们比真正的建筑更不明晰。因为与建筑自身相比，图示说明传达的信息更少，我们就可以自由地添加信息，并且有选择性地运用它。或者换一种说法，我们就有了更大的机会去进行创新。书籍插图实际上与在屏幕上看到的、通过磁盘产生的图像的一样，具有相同的功能。

在我们身边的建筑，那些我们在旅行中见到的建筑，加上插图和计算机图像，全部都被储藏于视觉记忆之中，作为在设计过程中，试验性解决方案阶段内，我们的非言语思维的组成部分，在相应的时候，它们就会浮现出来。我们的记忆也是影响我们对最初问题进行第一次选择的组成部分；例如，我们给自己设置一个问题由于当前的视觉表达看起来无法令人满意，但在其他地方或在书中所见的看起来更为合适、更易被接受，因而影响对问题的认识和试验性解决方案。在所有的视觉思维中，记忆发挥了巨大而极其重要的作用。

地方性与风格

我们不仅去参观帕提农神庙，而且也去欣赏爱琴海[1]群岛上的白色粉刷建筑群。对于两者我们都很钦佩，但是我们还是可以区分出两者之间在意图和创造方面的差别。当然，我们赞美二者，也没有必要将两者或其中的任意一个视为可能的原型。

过去的建筑师频繁地、以各种不同的方式将神庙当作一个原型，而不是以乡土建筑为原型。但与神庙相比，许多现代建筑师会更倾向于关注乡土建筑。这似乎就是说，我们的眼睛会因所见到的事物而感到愉悦，而并不必将之作为原型来接受。非言语思维和言语思维具有一样的选择性。这就宛如当我们想要说些什么的时候，我们就会选择相关的记忆作为先例。这一点非常类似于科学发现，科学发现不是随机性的探究，而是选择性地追寻一种已经如假说一样，部分地构想好的答案。或者，就正如巴斯德（Pasteur）所说："机会只眷顾训练有素的头脑"。

在连续性与创新方面，乡土建筑无疑是连续性的首要范例；革新性的乡土建筑就是一个自相矛盾的说法。乡土建筑是首要的，但却不是惟一的经历很长时期保留下来的范例。从公元前1511年至1480年，在尼罗河戴尔—埃尔—巴赫里（Deir el-Bahari）的哈特谢普苏特[2]葬礼神庙，由她的御用设计师桑曼（Senmut）设计。这一建筑主要使用了原始的多立克柱式。1000年后，多立克柱式不仅被广泛应用于希腊古典建筑之中，也被伊特鲁里亚[3]人（Etruscans）修改，而且也被罗马人用于意大利和其他地方，并且成为18和19世纪欧洲新古典主义的显著特征之一。在超过3500年的悠长历史中，这一建筑样式表现出了非凡的生命力。

尽管乡土建筑形式和多立克柱式都具有悠久的历史，但我们却本能地将它们按等级归入不同的种类。尽管它往往被认为是一种价值判断。但这并不是必然的。例如，阿普利亚（Apulia）[4]的特鲁利（Trulli）聚落，通常出现在阿尔贝罗贝洛（Alberobello）周边地区，要确定其年代

1　爱琴海，地中海的一部分，在希腊同土耳其之间。
2　哈特谢普苏特，埃及王后，公元前1503~1482年，在丈夫图特摩斯二世死后（公元前1540年），她成为儿子图特摩斯三世的摄政，她授予自己法老的头衔。
3　伊特鲁里亚，意大利中西部古国。
4　阿普利亚区，意大利东南部的一个地区，以亚得里亚海、奥特朗托海峡及塔兰托海湾为边界。

是很困难的，而且它们也大同小异。然而，在阿尔贝罗贝洛及周边的村落中，教堂并不是圆锥形石砌屋顶的圆形建筑；除了一座在阿尔贝罗贝洛近来新建的教堂，具有一座特鲁利式的屋顶，作为一种对乡土建筑的妥协，把它有意识地合并到整体之中。

如果我们往南走到像拥有华丽的巴洛克建筑的莱切（Lecce）[5]这样的城镇中，往往会发现教堂是连续的沿街立面的一部分，却通过一种更大的几何秩序、密度更高的装饰和尺度上的显著增大而区别于两侧简朴的城市建筑。视觉上的标志性是明确的，并且也得到了每个人的认同。同样的情况也出现在罗马的纳沃纳广场（PIAZZA NAVONA）和欧洲大陆的其他许多地方。

这些教堂与其相邻建筑的区别之处在于它们具有一种易于识别的建筑风格，即具有属于某一特定时期的视觉语汇。这里有多种视觉上的选择，并且这些选择是有意为之的。有可能摒弃风格的假设－一个现代思想运动中建筑师经常声明的信条－是只存在于幻想中的概念。只要视觉上的选择是可能的而确实必要的，那么一种风格就会出现。由于20世纪早期的建筑师反对这一点，并且发现19世纪的建筑风格、尤其是古典主义与哥特式之间的斗争毫无意义，它并没有符合逻辑地导致风格的消失，即使那是可能的。相信关于形式的决定会仅仅由于目的而产生，这会陷入为一定程度的决定论，这一决定论从未付诸实践，也以完全不可能进行视觉选择为先决条件。在现代主义中必然会出现的只是一种新风格的产生，或者就像阿多尔诺（Adorno）所说的："对风格的绝对拒绝也成为一种风格"（阿多尔诺 1979）。这就类似于，一种完全的不相信的态度本身就是一种坚定持有的信念。

作为一种决定性因素，对风格的反对源自于这样一个观点，即每一个建筑上的问题都需要完全创新的解决方案，因而就不能使用来自于已有的视觉语言和风格中的任何元素，不论风格会如何不断演化。风格也会通过不断地包容与排除来不断运转，这就意味着接受某些形式而拒绝另一些形式。在前文讨论过的盖蒂中心（Getty Center）的案例中，关于覆面材料的选择就表明我们怎样凭借那些元素中固有的内涵来排除各种可能性，进而作出选择。很难想像理查德·迈耶会选择去建造一座用红砖建造的建筑。这或许是因为深色的砖不能产生具有反光效果的表面－这是迈耶建筑作品的如些重要的特征－。并且，这同样地也是由于砖结构与

5　莱切，意大利最东南部的一座城市。

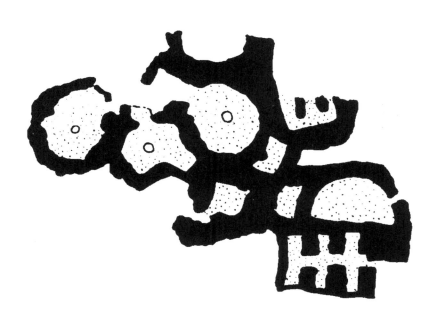

美洲殖民建筑的联系的缘故。视觉形象上的选择，有时基于非视觉观念，总是发挥着自身的作用。这并不依赖于设计的创新程度；正如迈耶不可能运用红砖，扎哈·哈迪德也不可能会在她曲线流动性的形态中使用任何砖石，这远远不是因为可能产生的建造上的困难。

　　通过排除，我们拒绝了许多包容各种风格的可能性，通过包容，我们安排了一套受到认可且有限的形式。回顾以往的历史，那些有限的组合都成为了一种特定的风格，如：罗马风、垂直哥特式和新艺术主义。

　　对于阿普利亚的特鲁利建筑，并没有单一的和有说服力的解释。当地的旅游指南将它们的起因于一部税法：由于石头是干挂的（laid dry），它们被认作临时性建筑。另一种解释是在一个圆形平面上修建圆锥形屋顶的建造原理，这是一个每个步骤都叠加在另一个之上的系列过程。然而还有另一种解释或许是，这是一种古老的形式，它已经在其最初的意图或必要性发生效用之后长久的存在。11000年前，在近东地区便出现了以干砌石墙建造的平面为圆形的住房，其中的一些具有用捣实黏土或泥砖坯建造的圆形屋顶。在约旦南部地区的贝达（Beidha）外围，有一个可以追溯到公元前7000年的建筑群，它们具有与特鲁利建筑群极为相似的平面。视觉记忆能够在巨大的时间跨度上起到作用。

自维特鲁威以来，人们就习惯性地认为在古典神庙上的三陇板[6]
(triglyphs) 装饰是先前木质建筑的遗留物。

"通常，由于这些事情和木匠的工作，在修建石质和大理石构
筑的神庙时，工匠们便在雕刻中模仿这些做法。因为，他们认为这
些范例是值得追随的。所以，在不同地方进行建造工作的古代工匠
们，当他们将梁从内部墙体延伸到外部时，他们便在梁间的空间中
进行建造。通过他们的技艺，他们将檐口和山花装饰出更优美的效
果。于是，直到它们向前到达墙的边界和垂直面后，他们切断了梁
的出挑。但是，由于这种外观并不优美，他们便把檐板安装成就像
现在那样的三陇板形状的装饰，与切断的梁反向，并且用蓝色石蜡
描画，这样就使切断的梁隐藏起来，以免有碍观瞻。因此，在多利
克式建筑之中，便根据被隐藏的梁的划分开始设置三陇板装饰，而
且在梁间也设置了排档间饰。后来，其他建筑师在别的作品中在伸
展的椽子发挥，使用三陇板，并修饰悬挑部分。从此，就像通过对
梁的处理而产生三陇板一样，从椽子的悬挑开始，在檐口下面的檐
饰的细部就产生了。"（维特鲁威，1983 年，P213）

最近，一种反对的观点出现了，由于当三陇板装饰被应用于神庙的
全部四面墙体的时候，结构上的逻辑问题便产生了－三陇板装饰的开槽
形式起源于向神庙进献用的三脚祭坛。在上述的每个案例中，一种形式
在我们的视觉语言中都顽强地留存下来，这就像词汇在其原意被遗忘了
之后仍存在很久一样。

在乡土建筑中，更少有意识地运用视觉记忆。这也正是为什么一种
乡土风格不能被发明创造出来的原因，它只是自然地产生。另一方面，
风格是一个通过深思熟虑来进行选择的问题。例如，到以至于违背结构
的逻辑的程度。在德国南部，风格上的惯例规定，一座巴洛克宫殿的最
重要的第一层的窗户应该具有拱形的洞口，在其上面和下面的次要楼层
的窗户上应该具有过梁式的洞口。然而，在很多实例中，就像在第二次
世界大战争中被轰炸的建筑所表现出的那样，全部三层楼面都建有拱形
的洞口，这很可能是由于建造上的便利造成的。所以，因为风格更多是
预先选择的结果，事实上在设计中，我们设想它也包含更多的内容。

适用的和可能的技术总是发挥着重要的作用。在技术方面，我们不

---

6 三陇板，多立克柱式檐壁上的建筑装饰。

仅应该将建造技术包含在内,而且还同样应该包含对创造有效的设计有作用的计算和制图技术。巴洛克建筑师的肖像画中经常显示他们手拿一对罗盘／分线规;同时,21世纪建筑师的肖像画中则应该表现他们坐在电脑的前面。正如盖里设计的毕尔巴鄂古根海姆博物馆一样,尼古拉斯·格雷姆肖(Nicholas Grimshawn)在康沃尔(Cornwall)[7]设计的伊甸园项目,就完全依赖先进的计算机技术。与建筑材料和建造方法也增加了建筑可能性的范围一样,可以用来验证和交流建筑思考的工具能够拓展解决方案的范围。

上图
尼古拉斯·格雷姆肖合伙人事务所,伊甸园工程,康沃尔,英格兰,2000年;钢结构由ETFE镀膜的六边形三叉薄膜覆面;它被持续的低压气体补充保持膨胀状态

7　康沃尔郡,位于英格兰西南端一座由大西洋和英吉利海峡环绕的半岛上。

材料

在体验建筑的过程这一问题中，如果我们接受图纸、计算机仿真和缩尺模型都具有局限性的事实的话，那么建筑就必须是一个建造好的真实存在，这样人们才能对它充分体验。反过来也就意味着我们要使用特定的材料去建造。当我在考虑一座建筑的设计时，在一开始，或者是开始后不久，我就需要关注在建造中选择使用材料的问题。对那些影响建筑的空间组织和外观的材料来说，这显得尤其重要。我选择清水砖砌表面或者是不锈钢面板做墙面材料，这是十分重要的。请注意，这与防潮层的选择完全不同。在不同的程度上来说，材料是建筑思想中必不可少的一部分。

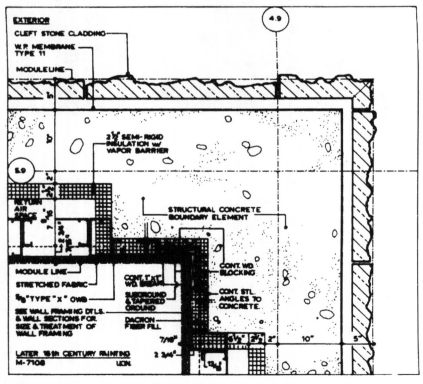

右图
理查德·迈耶事务所，盖蒂中心，洛杉矶，加利福尼亚，1984～1997年；劈离石灰华石墙

　　我们从视觉上传达那些选择，就像我们传达其他方面：我们画出水平线条来表示砖砌效果；或者模仿反射来暗示玻璃。但是，最为详尽的信息传达是通过对图纸的注释或规范的条款，以语言的形式出现。我们还是不得不求助于文字和一种非视觉的手段，这样我们才能精确地说明我们所做出的选择。

　　如果不关注材料，那么很难用平面图、剖面图和立面图在一定程度上精确地表达最终建成的建筑物，当我在平面图上画一条直线和在剖面图上画一条垂直线时，我清楚这表示一面毫无倾斜的垂直墙体；如果我画一条曲线，那么我清楚这就要建成一面弯曲的墙。然而，在我设计的同时画出的线条不能告诉我任何像墙体是用砖、石材、或是水泥建造之类的内容。大比例的建筑施工图可以通过惯常的填充影线来区分这些不同的材料，但是，在设计的早期阶段，没有办法这么做。尽管这时材料之间的区别也十分重要。

　　换句话说，直到关注形式，而不是直到关注材料时，设计图纸和最终的建筑之间就有一种视觉上的对应关系。我相信，这对建筑思维具有重要的影响。众所周知，要想让建筑学学生去关注建筑材料方面的问题是很困难的，包括建筑房屋的建筑材料的坚固性、反射率、质地和颜色等内容。这种脱节部分的是由于对建筑现场现实状况和复杂性的不熟悉而造成的，但只是部分地由此造成。我认为－对学生和见习建筑师来说－最主要的困难在于缺乏同时以同等的准确性来记录形状和材料的手段。转而把设计图弄得像施工图的行动是会让人糊涂的，而且没有什么帮助。画出木墙上的钉子或中空砌体墙上的缝隙引入对于关注墙面视觉理解而言不相关的信息；它并未告诉我们任何关于墙体材料的性质。正相反，这产生了图纸上的一种不真实的视觉密度。

　　想想材料有一个更深远的复杂性：随着时间的流逝，气候所产生的影响。你能想像到一幢建筑在完工时和20年后的样子吗？纵观历史，大量的建筑精妙发明都用在将侵蚀的影响最小化，或者至少降低到可以接受的程度上的细节设计上。

　　出檐、线脚和滴水都是特定的气候条件下的建筑的不可或缺的组成部分，这是几乎是装饰的一个不可或缺的一部分。艺术史更是忽略了所有建筑的必然老化。一个鲜有的例外－是莫斯塔法（Mostafavi）和勒斯巴热（Leatherbarrow）的《关于气候：时间流逝中的建筑的生命》(On Weathering:the Life of Building in Time)。除了地震、火灾和战争之外，废墟遗迹是天气作用的最终结果，将建筑减少到只剩裸露骨架。

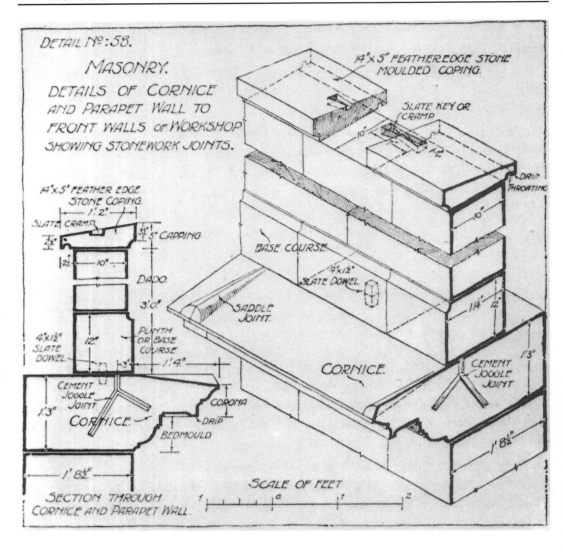

対材料的选择，往往是由它们在长时间中对变化的抵抗能力或其他众所周知的耐久特性来决定的。铜暴露在风雨中，就会长出绿色的铜锈；在未使用匀质的涂层保护之前，持久性取决于气候和污染的状况。为了减轻这一不确定的状况，现在，指明预锈蚀耐候的铜板是可能的，就像詹姆斯·斯特林在1991威尼斯双年展为Electa所作的船形书店的屋面一样。从此，这一做法就被广泛地使用，尽管它多少与那些缓慢而逐渐产生铜锈的铜有些不同。另一方面，使用Corten钢，一种众所周知的具有高强度抗锈蚀性的合金的一个关键，是了解无镀层的钢起初是

上图
表现石材被"侵蚀"的檐口大样；来自于W·R·Jaggard的《建筑施工手册》（Archite-ctural Construction Manual）

明亮的橙黄色，一年后变成深红色，最后变成带有微小紫色斑点的深棕色。埃罗·沙里宁（Eero Saarinen）在伊利诺州莫林[8]的约翰·迪尔（John Deere）建筑中率先使用了这一技术，并取得了巨大的成功。它是我所使用过的，发现以其自然侵蚀的特性而真正富有吸引力的材料；它是一种与未上漆的木头具有同样特性的金属。

　　建筑思维中需要包括材料的选择，这一事实并不否认在特定的时间和地点，材料的选择余地是极为有限的。桑曼（Senmut）在设计尼罗河对面的卡尔奈克哈特谢普苏特王后葬礼神庙的时候，除了使用石头之外，就几乎没有其他的选择了：对于建筑要求的永恒性和重要性来说，这都是适用的和令人满意的。在建造住房时，在施工现场的劳工也有类似但完全不同的选择方面的限制。另一方面，当卡洛·斯卡帕（Carlo Scarpa）于1969年设计位于桑·维多（San Vito d'Altivole）的布里昂（Brion）家族墓园时，他决定主要使用留有模板痕迹的素混凝土、金色的釉质马赛克，结合零星使用的灰泥面板。这个L形的场地部分周边

8　莫林，美国伊利诺伊州西北部一个城市。

上图

西古德·莱韦伦茨，圣马克教堂，比约克哈根，瑞典，1956—1960 年

挤满了很多原有大理石墓碑和纪念碑的墓地。斯卡帕放弃了使用流行的殡葬建筑材料，转而使用小尺度的充满小面的混凝土。这几乎是全新材料的。在场地中，他将其淹没在水中，这让人想起威尼斯的建筑基础的特征，同时，它也利用了水作为生与死的象征。

就像其他形式的视觉选择一样，材料的选择是建立在包容及排除的基础上的。在19世纪，人们认为在火车站、市内购物街和展览建筑中使用玻璃和钢铁是合适的，但却不能使用在教堂中。在1856年，有一项发表于《教会学家》(Ecclesiologist)（斯莱特，1856年）的提议，建议用钢铁建造一座哥特风格的教堂，这一提议至今仍停留在项目阶段。事实上，建成的实例是非常少的，而且到了20世纪，情况仍然如此。例如，当西古德·莱韦伦茨（Sigurd Lewerentz）1963～1966年间在斯德哥尔摩以外的克利潘（Klippan）建造圣彼得教堂时，运用了轧制钢构件，他之所以如此有节制地这样做，很可能是因为在砖占据绝对主导地位的建筑中结构上的必要性。钢铁支撑着砖砌拱顶，这样便可以减小拱顶的跨度，而且同时，柱和梁就形成了对于十字架的记忆。

莱韦伦茨在克利潘的教堂和他在比约克哈根（Björkhagen）的更早期的教堂中采用的都是同一种材料——砖－而且以对砖的热爱来赞美它的特性。莱韦伦茨认识到在建造墙壁时，砖和灰泥是必需的。两者都受到了应有的重视。他常常去施工现场，说服砌砖匠相信有不止一种方法来建造一片砖墙。

这两座教堂都是在"忠实于建筑材料"成为主流思想的时期建成的。这一观念源自于拉斯金（Ruskin），在弗兰克·劳埃德·赖特手中成为永恒定律，并成为现代建筑的祈祷语，而在粗野主义艺术中，它被限定于有限的材料选择范围，而且逐渐接近20世纪末期，它也变得没那么重要了。在其全盛时期，它是一个界线明确的道德问题。在21世纪初，道德上迫切的问题转变为绿色环保的问题，这影响到建筑的方方面面，包括至关重要的，材料的选择问题。

显而易见，社会公众的态度会对建筑师视觉形象上的选择施加压力；我们的见解并不是与世隔绝的。例如，随便翻开2001年建筑杂志的某一页，就会发现木质覆面的频繁使用。木材被看作是一种可再生的资源，在其转变为建筑材料时所需要消耗的能源也相对较少。10或15年之前在相同的杂志中出现的频繁程度就少得多了。

在历史上，我们将特定的建筑材料与特定的建筑发展时期和特定的地点联系起来。然而，时间、地点和材料的结合其实就是可用资源的问

上图

二条城（Nijo Castle），日本；石构堡垒，石墙的标准高度是6米（20英尺）

题。我们将石材直接与希腊古典建筑相联系。而希腊神庙的屋顶是木质构造，却不能长久留存。最先进的希腊木构工艺可能被应用在造船中；三排桨的战舰就是高度发达的精密的木构造。希腊人对木材的看法就像维多利亚时期对在宗教建筑中使用金属的看法一样。

　　很明显，日本人就不会有这样的疑虑。作为日本神道教的圣地，伊势神宫（Ise Shrine）就是用木头建造的，甚至每隔 20 年，人们就会在紧邻的场地内进行重建。但是，在日本同一个岛屿上，在二条城，有大约高达 40m（130 英尺）的巨大石墙，这些石墙都是用巨大的楔形石头

下图
贝尼施及其合伙人事务所（Behnisch & Partners），太阳能研究所，斯图加特大学，斯图加特，德国，1987 年

建造的，其较窄的一面朝外。这些石头本身的重量使其牢牢的固定在原地，而且使墙体可以抵抗地震的破坏（德雷克斯勒 Drexler，1955 年，P140）。当然，人们也许容易争辩道，这一墙体用石头建造，因为建筑正是一座为抵御攻击而设计的城堡，而且这一论点并没有错。然而，这一巨大的石墙所表明的是一种建造摄人心魄的石墙的能力，而不是把它作为宗教建筑材料时做出的选择。

任何关于建筑材料的讨论都必须承认很多建筑材料的诗意的特性，以及它们与制造工艺，不论是以手工还是机械加工的紧密联系。现今，建筑师自己不会在建筑工地实践某一种手艺，但仍然可以在材料选择中找到乐趣，而材料的选择是其精巧手艺的明证。可以设想，这种乐趣人们可以通过整个建筑的存在，即使是处于倾圮的状态而被人感知和享受。这种愉悦大部分是视觉方面的，有时候是触觉方面的。

这些讨论必须承认建筑材料的绝对必要性。没有建筑材料，我们就不可能实现让·努维尔（Jean Nouvel）于 2001 年 6 月在皇家建筑学院为获得皇家建筑金奖提名时，所作的演讲中命名的"结果的奇迹"。

宣称在一座建筑中对材料的安排惟一地来自非言语思维是一种误导。相反，认识到这种安排，被记录在施工图中，在倾注于一项工程中的建筑上的思考中占据了相当大的比例。最终，即使人们需要用图解的手段去记录决定，但只有小部分是直接用视觉表达的。这种思维既是言语的，又是非言语的，并且，也依赖于已知的实践，依赖于要建造的是什么，依赖于法规和地方法规允许什么，以及在预算之内有什么材料可以选择。

查理斯·科雷亚（Charles Correa）曾对我说，或许是在怀疑建筑不可能像交响乐或是一部伟大的小说那样，在很长的时间里让人保持兴趣（1984 年，他在汉普顿王宫（Hampton Court）被授予皇家金质奖章之前的某一天，在颁奖时，威尔士王子曾以一种有失礼貌的方式暗示过。这几乎如同对现代建筑及其接受者的抨击）。这就好像说建筑总是过于简单，而且也太容易被理解和领会了。我反对这一观点，因为建筑中存在大量的复杂性，只是往往很隐蔽，不易被发现；这些复杂性是一种不可见的建筑学努力。在这种努力中，建筑设计者们往往通过对问题的绝妙的解决而获得精神上的愉悦。高技派建筑在构造方面炫耀式的表达正试图使通常隐匿的变成可见的。

在贝尼施及其合伙人事务所（Behnisch & Partners）的作品中，不同的可见的细部的激增－并不是追随高科派－可能是搜寻接近于交响

左图
卡洛·斯卡帕，银行附属建筑，维罗纳，意大利，1973年及以后（在斯卡帕1978 年逝世后）由阿里戈·鲁迪（Arrigo Rudi）完成；沿街立面上的凸窗

乐或歌剧的音乐密度的视觉密度另一种方法。这一点也许同样适用于卡洛·斯卡帕的作品，并且可以解释他的作品所引起的广泛兴趣；现在有相当多的文献涉及他的运用玻璃和银饰的建筑和设计。在参观布里昂家族墓地的时候，人们很可能会遇到其他来朝拜这一建筑的人，他们同样也被这些建筑来源于斯卡帕威尼斯人背景中的视觉上的丰富性所吸引。

结构

　　结构是由一些必须遵循的规律所支配：随便列举一些显而易见的例子，有重力规律、表明在某种材料的弹性限度内应力和应变的关系的胡克（Hooke）[1]定律、在梁上弯曲力矩的分布或材料的耐压强度。通过运用推演自控制某一特定材料的特性的方程式，可以应用数学验算于结构配置，来判定是否可以承受施加于其上的荷载。然而，在进行这种验算之前，必须选定一种形状和一种材料。这可能仅仅是工字钢梁或是混凝土板，并且这并不需要重要的设计方面的干预。在更为复杂的问题中存在选择的可能性，而且，我认为，这种选择很大程度上受到视觉上的喜好和模型选择的影响。

下图
蓬皮杜中心；
铸造中的 gerbere-
ttes

1　胡克，1635～1703 年，英国物理学家、发明家和数学家。

　　一个优美而清晰的例子出现在彼得·赖斯（Peter Rice）的《一个工程师的梦想》的第一章中，这本书是在他于1992年早逝后出版的自传回忆录。这部书主要关注蓬皮杜中心的结构设计，并且特别关注于gerberettes的运用，gerberettes是一种出挑柱外的短支撑悬臂。

　　在1971年7月的一次公开国际竞赛中，伦佐·皮亚诺和理查德·罗杰斯（Richard Rogers）从687个入围方案中脱颖而出，赢得了蓬皮杜艺术中心（最初被称为Beaubourg，法语，意为美丽小市镇）的项目。皮亚诺和罗杰斯受到特德·哈波尔德（Ted Happold）的鼓励而参加这项竞赛，特德·哈波尔德在伦敦领导的阿鲁普结构工程师事务所（Ove Arup & Partners）结构第3小组（Structure 3 group）。皮特·赖斯是一位合伙人，在悉尼歌剧院项目工作了几年之后，他于3年前回到伦敦。将结构体作为基本框架的观念是非常流行的。这表明了一种能够承载可变，或许是临时性的填充物的持久的结构要素。灵活适应性就是一种强有力的动机，并且它也可以验证许多建筑的决策是否合理。如果要实现灵活适应性，巨大空旷的空间以及因此产生的巨大跨度是相当重要的；在Beaubourg项目中，跨度就达到了44.8米（147英尺）。

　　结构竞标的图纸表现了一种外部支撑的结构骨架，由灌水的钢管构成，这可以提供必要的耐火性能。在以前1969年在科威特的时候，像铸造节点一样，特德·哈波尔德和龟谷光路（Koji Kameya）就已经发展了一个构想——在建筑中采用灌水的中空结构贯穿于建筑各处，因而减少直接暴露于外部热环境的可能性（哈波尔德·埃德蒙爵士，"基本的工程师"对"一个工程师的梦想"的评论，皮特·赖斯发表于RSA期刊1995年1月／2月期）。就结构而言，对于P_1，波普尔式序列中最初的问题的处理是以现行的普遍观念和个人兴趣为条件的。明显地，更为正统的结构解决方法已经提供了答案（尤其是在一跨中间增设柱子），但是当仔细审视最初问题后，抵制了这种做法。对问题的认识也是设计的决定因素之一，并且，这也是由设计者自身的理解造成的，而不是完全产生于一个给定条件中，甚至在工程学中。

　　当必须对柱和梁之间的重要连接节点进行研究时，这一问题就变得更为明显。赖斯在悉尼和约翰·伍重（Jøhn Utzon）一起工作之后，他对于细部的重要性深信不疑。然而，以某种方式，这些细部表现出其生成是为了使人们"感到舒适"的迹象。

　　"我一直都很奇怪，是什么使那些19世纪的大型工程结构具有特别的吸引力。这并不仅仅是因为它们的大胆和自信。这些在现今

很多的伟大的结构体中都可以找到，但是，它们缺少19世纪建筑
对应结构的热情、个性和性格。我所了解的一个要素是设计者和建
造者在其上倾注的迷恋和关注。就像哥特教堂一样，它们充分展示
了工艺与个人化选择。铸铁装饰和铸造的节点使得每一个这类建筑
都拥有对其设计者和建造者而言所特有的品质，它们使人们铭记，
这些建筑是由那些努力工作并打上个人印记的人们创造和构想的。
(赖斯，1994，P29)

　　在赢得竞赛后不久，赖斯就去日本参加了一次会议，并参观了1970
年大阪（OSAKA）世界博览会的保留建筑。在这里，他看到了一个具
有大型铸铁节点的宏大的空间结构，这是由建筑师丹下健三（Kenzo
Tange）和工程师龟谷光路和庆介（Tsuboi）教授一起设计的。他立即
就意识到铸钢真正具有他所追寻的品质。

　　因此，设计上的决策就是建立在以下基础之上，第一，对现有解答
的批判——公认的解决方法不能解决现在认识到的问题；第二，被认为
与P_1相关的原型。这并不是抄袭复制的问题，而是由现有的结构或建筑
所激发，来探索一个业已建立起相同感受的特定方向的问题。在这种情
况下，正如皮特·赖斯所记录的那样，就是"偏执"；他就是一个得了
强迫症的工程师。(赖斯，1994年，P30)

　　结构问题是和这样一个事实联系在一起的，即在一个净跨度区域的
两侧，都有可供利用的地带：用于垂直流线的走廊的一侧，以及用于服
务性管道和设备的街道一侧。结构必须以某种方式来说明在横剖面上的
这种a:b:a的间隔。各种不同的解决方案都被提出过，但根据建筑上或
工程上的要求被逐一排除了。

　　最后的突破产生于这一时刻："当我们团队中的某个人，我不太确
定是谁了，很可能是伦纳特·格鲁特（Lennart Grut）（我知道肯定不
是我），他建议在短支悬臂上使用一根悬吊起来的梁，这种被称为
gerberette的解决方法以海因里希·格贝尔（Heinrich Gerber）而命
名，海因里希·格贝尔是19世纪的德国工程师，他为桥梁发明了这种
结构体系。这种解决方案简洁而优雅地解决了所有矛盾。自然而然地，
这一方法被很快采纳。"(赖斯，1994年，P32)

　　这样，继续结构中其他部分的设计成为了可能，而且，也可以在业
已建立的总体构思下，与工程设计团队中的其他成员一起开展工作。设
计过程中的这一部分表明了在某一特定的时刻，决定对于可用的知识的

依赖程度。

当进入计算和详细设计的时候，现今的知识水平就变得更为重要了。铸钢（Cast steel）是一种还未得到广泛研究的材料，它只是在核能装置和石油钻探平台中才开始得到使用。

对 gerberette，不断地进行计算、绘图和建模研究，而且这一过程不断反复，直到出现一个令人满意的解决方案。这种排除错误的过程总是与最初的假设进行校核，也就是说，"使用铸钢所造成的设计的核心内容是每个部件都是独立的，即每一个组成部分都是只在某个经过慎重考虑的点上相互接触的装配连接部件。就像是在音乐中一样，音符之间的间隔决定了音色，在这里，部件之间的空间就决定了尺度"。（赖斯，

左图
维奥莱·勒·杜克，为一座以铸铁和砖石结构的音乐厅所作的设计，出现于《建筑对话录》(Entretiens sur l'Architectur)，1863年和1872年

E. GUILLAUMOI.　　　　　MDCCCLXIV.

1994 年，P34）

　　制造加工的巨大困难，与承包人与时间计划表之间的巨大困难，无论如何担心时间进度问题，在建造一座实际上与埃菲尔铁塔一起象征巴黎的纪念建筑的非凡经历中逐渐解决，消失了。清楚地继续存在的以及对后来众多建筑产生巨大影响的是铰接的外露骨架和服务设施的夸张展现。蓬皮杜中心－作为 P_2，一个特定过程的终结－，改变了我们对于建筑的理解。

　　赖斯对于这一设计过程的描述，与别人稍微有些不同的对于事件的

下图
理查德·迈耶事务所，洛杉矶盖蒂中心，1987～1997 年；具有拉毛表面的石灰华覆面板

个人说明，紧密地契合于波普尔对于科学研究的描述的P_1到P_2的步骤的一个组成部分，而我认为这也适用于设计。

作为建筑基本的和不能削减的逻辑上的组成部分，结构在建筑理论中扮演着神话般的角色。这一观点主要源于维奥莱·勒·杜克（Viollet-le-Duc）在19世纪中期的著作和演讲。约翰·萨默森（John Summerson）认为他是欧洲建筑史两位最杰出的理论家之一（萨默森，1963年，P135），另一位便是利昂·巴蒂斯塔·阿尔伯蒂（Leon Battista Alberti）。然而他的理论被强烈质疑，尽管它们一息尚存，常常不为人知。

维奥莱·勒·杜克的观点是，建筑，创造建筑的过程，涉及逻辑上的推理。显而易见，在结构设计中很容易应用推理。他对法国北部的哥特式建筑中具有一种充满浪漫色彩的迷恋，在那里，结构都是裸露在外的，而且可以从视觉上进行分析。他的图表分析包括诸如巴黎的圣礼拜堂（1242～1248）的建筑，在那里，他试图表明每一个要素都具有其合乎逻辑的位置，更进一步，逻辑受到创造结构经济性的需求的控制。当然，在其自身体系中，结构体系会由其经济因素而被证明为不可行[2]。

那种创造最小化－并不总是最廉价－的结构的驱动力并未消亡。巴克敏斯特·富勒通过对结构重量和所覆盖的面积进行对比来判定他的圆屋顶。这也许是一种有用而恰当的手段，但它决不是把建筑和结构当作一个整体来进行评估的惟一依据。重要的变量超出了结构的范围；还包括结构与空间的联系、环境服务设施、循环利用的可能性，建造的便捷性等等。不能认为结构上的极简主义是其自身的终极目标，不论追寻极简主义是多么充满诱惑力。

2　此处原文为被证错（falsify），源自波普尔的科学哲学，指某一科学体系，在探索过程中被证明为错的，需要修改。

光

当我们将最初的建筑设计构想画出来的时候，通常，是用黑色在白纸上做标记。黑色代表实体，白色代表实体或围合之间的空间。然而，那些白色的区域并不是空的，而且，所有的实体并不是一律雷同。光不同程度地影响着二者，而且二者都会由建筑师进行处理。奇怪的是，我们并没有恰当的图解标志来记录我们关于光的最初意图。随后，我们可以通过建立物理模型或是电子模型，或同时建立两种模型，来检验光的效果。然而，在最初的时候，我们不得不依赖于记忆和经验。

数个世纪以来，光线在我们对于空间的感知中起到至关重要的作用，这是一直得到认可的。哥特教堂是光的神殿，巴洛克建筑创造了某些最富戏剧性的、也是最为精妙的雕刻表皮造型来引导光线。这并不是简单的让阳光进入的问题；它是一个关于哪些表面被照亮，同时哪些表面反射光线的问题。路易斯·康极富诗意地说道："太阳一直不曾明白它何等伟大，直到它射到了一座新屋的侧面"[1]（约翰逊，1975年，P12）。

尽管光线被描述为不可见的，但是它的影响是可以感觉到的，而且是建筑不可或缺的组成部分。正如理查德·迈耶在一次访谈中承认的那样："……对我而言，光是最好的和最万能的建筑材料"。在俯瞰洛杉矶的观景楼上，他设计的盖蒂中心表现了在加利福尼亚南部特殊的光线方面，这句话到底意味着什么。盖蒂中心也表明了光线和材料选择之间的紧密关系；例如，如果这一建筑群以康在菲利普·埃克塞特学院图书馆（The Phillips Exeter Academy Library）中运用的淡紫色红砖来建造，很难想象结果会如何。重要的是在沃思堡（FORT WORTH）的金贝尔艺术馆，它处于德克萨斯明媚的阳光中，康也用石灰华石作为建筑的覆面材料。在盖蒂中心，石灰华石覆面用一种特殊的闸刀切开，这样，在倾斜的阳光下，石材的凹凸纹理就可以产生出光影效果，而且反射光线较少因而眩光较少，但同时仍保持表面亮度感。

在芬兰，朱哈·利维斯卡（Juha Leiviskä）同样明白光线应当被看作是一种建筑材料。在描写关于位于库奥皮奥（KUOPIO）[2]的曼尼斯托（Mäinnistö）教堂和教区中心的时候，他说道："教堂自身最重要的建筑材料就是日光，它主要以间接反射的方式对空间产生影响，并

1　路易斯·康.李大厦，中国建筑工业出版社，1993，P147.

2　库奥皮奥，芬兰中南部城市，位于赫尔辛基东北偏北。

上图

巴塔萨·纽曼,本笃会修道院, 内勒斯海姆, 德国; 教堂于 1792 年供奉神圣, 此时距纽曼逝世近 40 年

上图
朱哈·利维斯卡，教堂和教区中心，米玛基，万塔（万塔芬兰南部的一座城市，是赫尔辛基的郊区）。芬兰，1980～1984 年

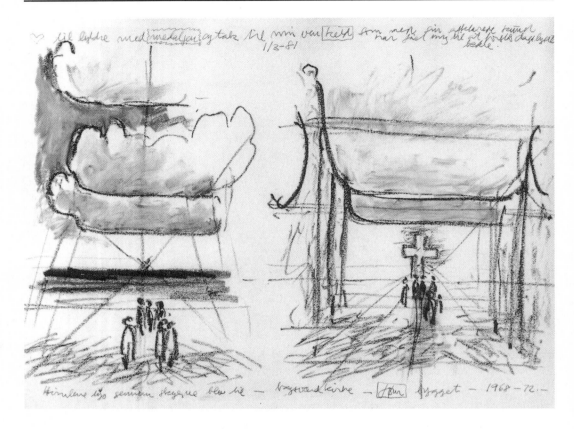

且，在上午的晚些时候，在早礼拜期间，最为强烈，……我总是极力确保空间的所有组成部分，如具有艺术品的各种不同种类的墙体、顶棚、倾斜的走廊和风琴相互归属，共同形成一个整体。空间的特征总是随着季节、一天中的时刻、太阳和云层的变化而不断变化的"（利维斯卡，1999 年，P130）。

　　作为一个学生，在一次去德国南部的游览中，利维斯卡第一次对反射光线的特质留下了深刻的印象。直到现在，利维斯卡在他的著作中还经常提到在内勒斯海姆（Neresheim）的巴塔萨·纽曼设计的，始建于1750 年的本笃会修道院教堂。在这次旅行中，他将一些印象用水彩画记录下来，并且作为对其早期的和持久的影响，在其演讲中加以展示。他的老师将德国南部的晚期巴洛克建筑的室内称为"用光线进行演奏的乐器"。利维斯卡在建筑上花费了很多精力去创造巴洛克风格的，光的诗意的当代对应物。

　　在米玛基（Myyrmäki）教堂和教区中心，在悬挂织物的轴杆和建

上图
伍重，巴格斯法尔德教堂，哥本哈根；两幅彩色草图表明从海滩上的一次聚会向由树状柱和"云状拱顶"构成的抽象景观的转变

筑的垂直面与内勒斯海姆的内部空间之间的比较，有力地证实了利维斯卡的论述，即"对于米玛基，一个可能的原型就是巴塔萨·纽曼在德国南部内勒斯海姆的伟大的修道院教堂"。（利维斯卡，1999年，P74）。

　　光线被怎样反射，以及我们怎样理解放射光线的特质，都将影响我们对于实体，我们画黑色线条表示的实体的感知；非物质的光线改变了建筑的材料。在位于哥本哈根（Copenhagen）北部边缘地区的巴格斯法尔德（Bagsvaerd）教堂中，建筑师伍重（Jørn Utzon）在圣坛上悬吊了一个波浪状的装饰物。它看起来像天空中漂过的云彩一样轻盈，然而却是用混凝土建造的。轻盈的效果完全来源于光线在弧形表面上产生的微妙渐变。

　　对云彩的引用完全是有意的。在两幅草图中，伍重试图揭示在海边的聚会与以拱顶和圆柱遮蔽的空间中集会之间的区别。在某种意义上，这些草图证明了要成为一个神圣的空间，哪怕只是圣洁的内部空间，都需要建筑来塑造它。最初当伍重躺在夏威夷海滩上，看到天空中有圆柱形云朵时，这一灵感产生了。（韦斯顿，2002年，P280）

　　更进一步，这两幅草图非常有力地揭示了非言语思维的本质特性。

左图
查尔斯·柯里亚，斋浦尔艺术中心（枷瓦哈·卡拉·肯德拉）（Jawahar Kala Kendra），斋浦尔，印度，1986～1992年；用于专门纪念尼赫鲁的艺术中心的水庭院

一个问题是：在 20 世纪末期，怎样去创造一个富有意义的教堂室内空间。伍重经常回归他早期的作品，这些作品以矗立于坚固基座上的非凡形式为主要特征。在其最著名的变体中，悉尼歌剧院就具有这一特色。对于教堂而言，一个特定的尝试性解决方案由一种云状的形态构成，这一形态被铭记于草图中，而且最终转化为薄壳混凝土结构，严格按照圆形几何形式来组成。

　　光线还发挥着另一个作用，就是反对正统现代主义的教条：表面装饰的应用。查尔斯·柯里亚在印度斋浦尔（JAIPUR）[3]的斋浦尔艺术中心（枷瓦哈·卡拉·肯德拉）（Jawahar Kala Kendra）（1986～1992年），就生动地揭示了在热带阳光下以建筑的方法可能形成的明锐的图案。这样，有一幅类似的图象出现在专门介绍其作品的专著的封面上，就毫不奇怪了。（柯里亚，1996 年）。

3　斋浦尔，印度西北部城市，位于德里西南以南，以历史上的城墙、防御工事和许多房屋而闻名。

建筑与语言

正如已经讨论过的那样，建筑学的思维是非言语的思维。这是其本质的特征。这种思维的要素，以及建筑本身的概念，无论如何，都成为了我们日常词汇的一部分；它们也成为我们演讲和著作中的暗喻和明喻。

在任何的类比中，最重要的是造物主上帝就像伟大的建筑师一样的概念。而当我们将某人称为一次潮流中的伟大建筑师时，我们实际上正在颠倒这一类比，将像上帝所拥有的创造者的特质归结于那个人身上。在我们日常的讨论中，建筑师被看作是在原本什么都没有的情况下，创造出具有重要意义的事物的创造者。我们并不把厨师进行这样的类比，即使可以证明的是，提供食物的人解决了最基本的人类需求。区别可能是由于我们在建筑中投入的更高层次的思维水平，也由于建筑更为持久。

建筑一词常常被广泛地应用于表示组织基本组成部分，将这些基本组成部分以一种综合的，像计算机设计那样的方式结合在一起。这种组织结构被认为具有结构和基础，这是经常出现于日常谈话中的两个建筑元素。作为比喻，在砂土上和岩石上进行建造的区别，在圣经中是有先例的。在普通的用法中，"窗"和"门"是同样寻常的；我们打开了机会的窗户，同时，对令人不快的行为关上大门。以一种相似的方式，我们谈到"天穹"（vault of Heaven），或当我们想要赞扬某人时，我们称某人为强大的"栋梁"（Pillar）。表示勃然大怒也许会使人击打"顶棚"或"屋顶"（hit the ceiling or roof），而惊讶或许会穿过"地板"（fall through the floor）而落下。

不足为奇，住房扮演着一个特殊的角色。我们谈到教堂（a house of God），在意义上不是宫殿或城堡。我们乐观地将事物看作非常安全（as safe as house），并且我们也将"住房"一词用于表示皇族血统，就像"温莎王室（House of Windsor）"中那样。在建筑类型中，"教堂"（cathedral）一词在商业的教堂或火车站和19世纪教堂中一样经常出现。很明显，还有很多与建筑有关的词汇和短语，它们都表现出对于非建筑思维的影响和这些类比对于传达普通意义的作用。

辨别日常交谈中使用的词汇和那些建筑学中使用的具有特殊意义的词汇之间的联系是非常重要的，这是从一个推测出发，即存在着一种普遍性的建筑语言，例如像约翰·萨默森（John Summerson）以《建筑

的古典语言》（The Classical Language of Architecture）为书名的
著作中所使用的语言一样（1963）。这是把口头语言极强的交流沟通能
力赋予建筑学，因而属于一个完全不同的命题。相似地，这就一定不会
混淆将语言学的概念应用于对建筑的分析中的尝试。这种尝试是否正
确、具有合理性又是另外一回事了，而且在某种程度上，其是否具有合
理性是随着其是否能成为将言语思维转换为非言语思维的工具而转移
的。语法规则也许不能被转换，这已经在联系克里斯托弗·亚历山大等
人的《模式语言》的情况下，被加以讨论了。

　　如果通过语言，我们认为在词汇、对象和概念之间存在一种被广泛认
同的对应关系，那么，仔细考虑在对象和作为一种形象语言的对象之间的
一种相似的对应关系就是可能的。我相信，这就正是约瑟夫·里克沃特
（Joseph Rykwert）在比较直立的人体和古典建筑柱式时头脑中所想到的
（里克沃特，1996年）。有人争论说，圆柱可能起源于人体——而不是起源
于树干——而且是对于人体的隐喻，这种说法是在视觉领域内的比较。在
柱子形成以后，人们可以对其以言语进行讨论，但是它的产生并不依赖于
词汇。我们并不认为，这是由一群老人聚集在一起，在长时间的交谈之后，
一致同意去制造一个模仿直立人体形象的柱子。

　　对自然和建筑之间关系的探索，尤其是对建筑的应该起源于自然
界，并不是近来才产生的研究方向。古代建筑已经将性别特征赋予了柱

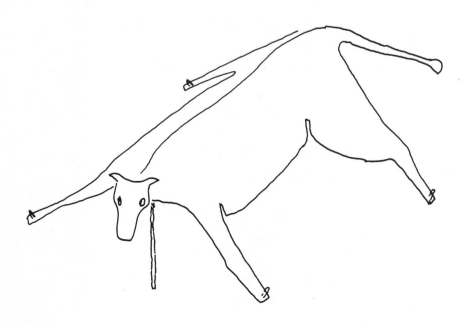

式－多立克的阳刚、爱奥尼克的阴柔－,而且在18世纪中期, 阿贝·洛吉耶(Abbé Laugier)撰写了著名而极具影响力的著作《论建筑》(Essai sur l'architecture), 在书中, 他试图推测山花起源于相互缠绕的树枝。两者之间是否真的具有联系是令人怀疑的。由于早先的人类并不居住在森林中, 因此对我而言更为可能的是, 人字形山花是一种对于需要住处的猎人用动物皮和三个竿子建造的帐篷的模仿。还有可能, 帐篷入口上方的动物头颅在人字形山花的塑像上得到了再现。对其在自然界中根源的探索当然是对表面任意性的担忧, 因而必须找寻最根本的, 真实的和惟一的源泉。对于基本原理的探索深深扎根于哲学和宗教的环境中。

1　多德雷赫特, 荷兰西南部城市, 濒临鹿特丹市东南的默兹河。建于11世纪, 是铁路
　　枢纽和重要河港。
2　马斯河, 默兹河的一部分, 向西流经荷兰南郊与莱茵河相汇。

看图

如果认为建筑学是非言语思维在其中发挥强大作用的惟一学科,或者认为连续性与创新性的竞争是在其中相互关联的惟一学科,这种观点是错误的－也是无益的。显而易见,绘画和雕刻就是非言语思维创造的结果。在建筑中,词语是作品完成之后被用于讨论的,或者在最初,作为用言语来进行讨论的结果,制定出某些非言语思维的确定思路。据此推测,正如很多的摄影和电影摄制一样,音乐和舞蹈也主要源自于非言语思维。景观和园林设计,以及家具或其他的产品设计都应该属于那些看起来远非一种毫无意义的范畴之中。相反,我们周围世界中的绝大部分都更多地归于非言语思维。因此,我要指出的是,任何非言语思维的讨论都是广泛联系的,而且是意义重大的。

例如,在绘画的历史上,原型的作用是非常容易辨别的。这一点得到了广泛认同,我们可以选出三组具有已知的先例而又被认为极具创新性的绘画艺术,日本的木刻版画对于法国印象派画家产生了影响,非洲的部落艺术和庞培(Pompeii)[1]的壁画强烈地影响了毕加索,迈布里奇(MUYBRIDGE)[2]的延时摄影术影响了弗朗西斯·培根(FRANCIS BACON)[3]对人体形象的想像。整个文艺复兴和后来的新古典主义就是有意识的找寻被认为是适当的原型的运动,可是它们仍然能够获得独创性的解决方法。在所有的艺术形式中,实例是不胜枚举的;形式滋养形式。

许多被提出的对于建筑思维本质的论断,也可能适用于其他视觉学科的思考过程。来自于结构工程中的一个例子是前面章节的主题,不论,或由于,工程师提出的观点是认为计算统治着他们的学科。

视觉艺术和建筑学在博物馆和美术馆中碰撞得更为激烈。这种接触也许是灾难性的,也有可能是富于成果的;无论是哪种情况,从这篇短文的观点来看,都是极为有益的。如果展品和其容器,美术馆,都是非言语思维的成果,那么这些从视觉上理解的人工制品是怎样联系的呢?

博物馆,也包括美术馆,都是一种信息交流的媒介,可以被依次观

---

1 庞培,位于那不勒斯东南,是意大利南部的一座古城。

2 伊德韦尔德·迈布里奇,1830~1904年,英国裔美国摄影家,动态摄影的先驱。

3 弗朗西斯·培根,生于1909年,英籍爱尔兰裔画家,以其扭曲变形的肖像画而闻名于世。

赏图像的不断走动的参观者所感知。因此，它们不同于电影和电视，在看电影和电视时，固定位置的观众在观看不断运动的图像。而在建筑中，我们被一种运动感知体验所包围。即使是在规模最小的博物馆中，实际情况也是如此。而且，当我们在观赏一幅图画时，不断移动的眼睛看起来也开始产生作用。莱昂纳多（Leonardo）认为我们一眼就能理解图画，因此绘画比诗歌具有更大的优点的观念，这是错误的。

> "当我们在观看一幅图画时，我们注视着某个区域，接着移动眼睛，注视另一个区域，但是，我们不是一厘米一厘米地均匀浏览整个图画，相反，我们的眼睛是在搜寻，然后集中注视着某个特定区域。在每一次注视过程中，我们选择下一个被注视的区域的机制并没有被完全认识，但它却是一个我们自身能够（有意识地或是无意识地）加以控制的过程。我们总是注视着那些包含最重要"信息"的区域，而常常完全忽视我们认为不重要的区域。"（斯特吉斯 Sturgis，2000 年，P64）

有人或许会争辩道，画家思考和创造作品的方式与参观者思考和观赏画作的方式是很相似的。反映总体布局的最初的草图和参观者把画作看作一个整体的第一印象是一致的。于是，艺术家随后要致力于较小的面积范围，就像观赏者为了以理解和欣赏画作，会集中注视某个选定的区域。

导致这种集中的原因大部分是生理方面的因素。我们拥有的视网膜中央凹视力，事实上只能以锐聚焦看见视野中心的一个非常小的区域，需要快速的扫描，以便获取全部信息。如果一个人从 2 米之外的地方观看一幅画，那么只有一个 50mm（2in）的区域是看得清晰的。在该区域以外的地方，视觉的敏锐度就明显地下降了。当我们观看建筑时，同样的问题也会发生，并且，其隐含的意义在前文中联系建筑的二维表现和成比例的模型，已经加以讨论了。

在过去的 50 年间，博物馆建筑的修建速率达到了历史新高。博物馆成为非常大众化的公共建筑。2000 年，在英国，大英博物馆的参观人数是 570 万，国家美术馆的参观人数是 465 万，维多利亚和艾尔伯特博物馆的参观人数是 133 万，新开放的塔特现代博物馆（Tate Modern）的参观人数是 500 万。关于博物馆和博物馆建筑文献数量也相应有所增加，尤其是在欧洲和美国（对这一增长，我也要承担部分责任）。有一些讨论解决照明的问题，尤其是由照明与许多博物馆实物所需的展品保护的严格要求之间的矛盾。在某种意义上，这是一场道德的争论，是关于在何种程度上，我们是过去的监护人，同时也负有对未来下一代人的责任的争论。其他的部分文献则分析了流线系统，以及流线系统对于博物馆中依次进行观赏的特点产生的影响。

　　然而，大多数的讨论关注于主体与展览之间、前景和背景之间适当的视觉关系；关注于 "杂音干扰"，按照信息术语，需要被消减到什么程度，或者在容许范围内，有多少额外的信息可以被添加。在对显著不同的人工制品的展示中的差异是必需的而且正当的吗？从我个人的经验中列举三个例子，展示欧洲新古典主义的画作、伊斯兰艺术和俄国后革命时代的构成主义艺术，应当在相似的或不同的环境中吗？在那一问题的背后是一个假设，即关于应该怎样展示艺术作品，以及事实上没有任何作品可以被认为是与文脉无关的。

　　在关于博物馆和展览馆设计的著作中，最为频繁地被暗示、而且经常被陈述的建议－通常由非建筑师人士提出－是，建筑师应该为中立的或无个性的背景而努力。当然，这只是一个不切实际的想法。每一个背景－白色墙面或是红色锦锻－都具有某些特质，这些特质必然会显现出来，而且存在于与陈列对象，以积极的方式或其他方式的对话之中。我们或许可以制定出诸如"隐姓埋名"这样的言语上的规定，但是它们并没有视觉形象上的对应。即使当表面看来完全被惯例所约束的时候，建筑学是思维的产物；绝不存在没有思维的建筑。

事务所与学校

或许我们应该将次序反过来，因为我们都是先学习，再实践。另一方面，正是事务所－或研究室和工作室－为建筑而负责，为我们周围的建筑而负责。因此，我们应该优先考虑它们。另一种的观点是两者都很重要，而且刻意地夸大它们之间的区别是没有好处的。毕竟，两者都包含于非言语思维中，并且它们都是建筑文化的一部分。另一点也非常重要，即在世界的大部分地方，建筑学的教学方式都非常相似。结果，在世界的大部分地方，人们在如何进行建筑实践方面就会有相当多的相似之处。

大多数的建筑学教育都是以具体的工程项目为基础。这通常是建立在这样的一个次序上的：首先是对问题的确定，接着完成大量的方案草图，而这些草图受到多次评估并日益精确，然后最终被提交出来，并接受评判。这非常接近于波普尔式的 P_1 和 P_2 的过程，同时根据学生的努力学习和教学时间安排，对尝试性的解决方案和错误排除阶段赋予了相当多的强调。在建筑学院的学习中，考试分数的分配情况就直接体现了所强调的重点在哪里。在大多数学院中，项目设计作业占全部有效分数的50%或更多，这是赋予某个单一的科目的最大的比例了。

在工作室中，工作的次序也许极为相似，但是，尝试性的解决方案和错误排除的批判却具有明显不同的特点。在工作室中，尤其是在普通的工作室中，最大的诱惑是忽视第一个方案的尝试性的特质，而且诉诸于一个遵从已知类型的安全的解答。在建筑上的许多问题都是自我影响的，而且，非常容易倾向于－可能是更为值得－避免为自身设置太多的困难；实际上，有足够多的，促进任一建筑设计进展的事物。

和在学校相比，在工作室中，错误排除的验证范围更广，并且或许也更具有决定意义。他们实际会包括业主、投资顾问、规划管理当局、法定的建筑管理官员、消防部门，并且很可能还有当地的社区组织和保护团体。每一种验证都是不同的和特殊的，而且有一些还是自相矛盾的。

几乎没有几个建筑学院开设这样的项目，它们可以由建筑系学生与工程学和建筑投资分析的不同学科的学生来共同写作完成。因此，这种在实践中形成的，针对任何规模项目的设计团队，在学校中并不存在，而它们可以提供最早期的错误排除经验。

在工作室和学校里，P_1 和 P_2 的过程是反复进行的。作为一种惯例，要不断尝试改进设计，以应对某些批评，直到最后期限的到来；有时，也会有近乎超出这一程式的情况，就像在一次竞赛提交成果之前，在研究室和工作室中，熬个通宵，这也是作为建筑师的传奇故事的一部分。

在学校和实践中，花费在工程项目的各个步骤上的时间长度是很不一样的。在学校的研究室中，主要的精力用在设计的最初阶段，而在事务所中，主要的精力是用建筑施工图和现场监管中。这掩盖了很多的作出决策的方式；在一般的实践中，这或许尤其影响到在创新性和连续性之间所做出的选择。

从 P_1 到 P_2 的次序的含义超越了设计作业，而进入了言语思维，特别是进入了对历史的教学。如果说 P_1 和其后的 P_2 总是系于特定的时间，

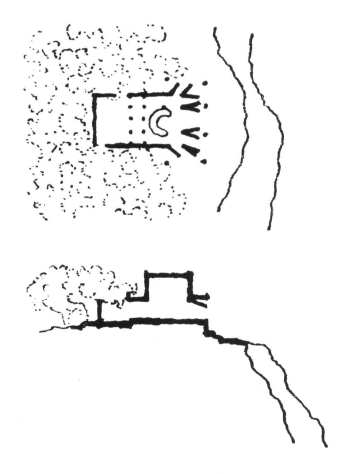

左图
约翰·伍重，马略卡岛[1]上的自用住宅；住宅的本质和真实性用图表中的平面和剖面表达出来

1　马略卡岛（Majorca），西班牙一个岛屿，在地中海西部，是巴利里克群岛最大的一个岛屿。

那么建筑历史或许就是一系列的假说，而不是达尔文关于进化过程的那种上升的曲线。并不能说在雅典卫城的帕蒂农神庙就比郎香教堂（另一个建于山上的教会建筑）更差（或更好），仅仅由于二者之间时代上的差异。这只是表明创造越来越大的净跨度的能力上的递增，但是建筑并不是－而且也不应－根据其最大跨度的尺寸而进行评价的。

　　对非言语思维的必然强调已经引发了两种意见：第一，建筑学并不是一个在综合性大学中具有地位的学科；第二，建筑学应该变得更像其它大学中的学科。这两种意见都是被深深误导的，而且也表现出对于建筑过程缺乏足够的理解。起初我们就需要记住，如果假设设计活动遵循 P_1 到 P_2 的次序，那么建筑设计就类似于其他很多科学中的研究活动，无论这些研究是关于自然的，还是关于社会的。设计是在以往经验的基础上对未来的预测；确切地讲是建立在经过许多学术上的奋斗追寻而找到的道路基础上。相反，需要指出的是，大学中的学科还有很多要向建筑学的教学学习的地方，尤其是一对一的研究室式的教学，这种教学作为一种在导师和学生之间的指导性协作和一种开放的讨论会，在评论家之中，包括进行实践的各种机构与建筑师之中，这通常被认为是很有价值的。

　　在辅导课中的大多数时间包括导师和学生互相交谈，但同时他们也画草图，为能够传达大量选择可能含意的词汇赋予视觉形象上的解释。言语思维与非言语思维是混合在一起的。在工作室之中，当一项设计由两位建筑师，或一个建筑师和一个工程师共同完成的时候，或者当一个项目，事实上，由一个团队进行讨论的时候，同样的情况也会发生。一幅草图的内涵的深度从来都不应该被低估；约翰·伍重俯瞰地中海的度假别墅的平面和剖面不仅给出了一个整体布局，而且，也表明了应对海面上强烈反光的解决方法。通过一些线条，建筑在场地中的位置、建筑体量和建筑对视景的控制都明确表达出来。我们也不应该忘记，许多视觉上的速记——草图的众多用途。正如一位挪威教育家所写的那样：

草图就是信息交流 The sketch is communication

——在我和自身之间（between 'me' and 'I'）

——在我和你之间（between me and you）

——在学生和老师之间（between student and teacher）

——在建筑师和业主之间（between architect and client）

　　的信息交流。

（科尔德 Cold，1995 年，P60）

这要紧吗?

关于我们是否会从对设计过程的理解中、或是从一个可能的理论中受益的问题，有很多的答案。没有一个是可以完全确定的。

从历史的角度来看，答案可能会是在过去，在不了解赋予建筑以生命的设计过程的情况下，创造出伟大的建筑。就好像，最著名的奥斯曼土耳其建筑师希南在1569~1575年间设计埃迪尔纳的塞利米耶清真寺的扩建综合体时，他确实了解其拜占庭风格的先例，但他并没有分析自己所知的先例，也没有得出任何一般的结论。他不可能去关注他正在多大程度上延续

左图
希南 (Sinan)，塞利米
耶清真寺 (Selimiye
Mosque)，埃迪尔纳，
土耳其 1569~1575年

一种原有的，在超过一千年前的圣索菲娅大教堂中看到的传统的形象化表达；他也不可能去关注他是否正在创造和建立一种意义重大的变异。现今的观点是，"毫不夸张地说，在这一建筑中，土耳其清真寺建筑得到了最为完满的体现"（福格特·格克尼尔 Vogt-Göknil，1993 年，P81）。我们也可以说，埃迪尔纳是这一运动的颠峰，而不是运动的开端。同样也很难想像，希南可以预测到在21世纪初，恰恰是伊斯坦布尔Topkapi Serai的很多具有圆锥形铅皮屋面厨房－有意识地或无意识地——影响了节能建筑中利用烟道效应的通风设备的设计。

希南是一位多产的建筑师，尽管他起初是一名军事工程师，在49岁时才进入建筑领域。通过向一个朋友口述，他的自传留存下来，但是其中没有任何一幅图画出自其手。我们没有像利昂纳多·达·芬奇[1]一样

左图
希南，Topkapi Serai，伊斯坦布尔 ca. 1550 年；10间厨房的一列铅皮包裹的烟囱

1　莱昂纳多·达·芬奇，1452~1519 年，意大利著名美术家、雕塑家、建筑家、工程师和科学家。

来自与他同时代的人的证据来探索其作品主题。只可能去推测的。

关于设计理论的存在和影响的推测在17世纪末和18世纪变得更加清楚明了，当时，在法国有很多的思想观念相互结合在一起。首先，当时建立起很多学院，专门为皇家建筑行政机构培训建筑师；皇家建筑学院成立于1671年，这很可能是国王以及考伯特[2]－国王的财政审计总长－对法国建筑师对理论和建筑美学的认识水平极为不满的结果（罗森菲尔德Rosenfeld，1977年，P177）。于是，在18世纪，就有了要将世界系统化和分类化的推动力，这集中体现在33卷的百科全书中。

在建筑学中，对排序和分类的推动力以类型的建立为基础。该词具有很多含义，但其主要的意图是主要基于建筑的用途来为不同的建筑确定一种特性和一种秩序。另外，建筑师会通过与过去的具有示范性的模型的比较，来检测他们自身的设计。就像是卡特勒梅尔·德·昆西（Quatremère de Quincy）－以勃朗德尔为领导者之一－在《百科全书方法论》（Encyclopédie méthodique）中写道的：

> "人们希望承担一栋建筑或项目的建筑师按照其想像将建筑放置于雅典的墙体中，而且以保留下来的杰出作品或者是人们对其的记忆已经通过历史保存下来的作品环绕在该建筑的周围，建筑师将对其进行检验，绘制适用于自身设计的类似物。他们的无声的和理念上的见证仍然是建筑师可能得到的一种最值得信赖的建议之一。"（Vidler，1987年，P163）

重要的是，这一被提出的验证并不是言语上的批判，而是视觉上的对比。在某些方面，这一建议类似于18世纪晚期和19世纪初期涌现的博物馆为特殊的艺术家日所提供的机会，在特殊的艺术家日，画家可以临摹展出的杰作，从而获得灵感。

一旦建筑师们受到鼓励而去寻找过去的真理，而不是去盲从他们所欣赏的大师，并且去复制已经被发现的原型，那么就更加必要探讨某些理论的基础。这在启蒙运动时期更是毋庸置疑的，当时，理性被看作是行动的合理基础。

两种理论摇摆于存在于某些更早的时代中的原型之中的完美之间。例如在18世纪的法国是以前希腊时期的公元前5世纪为原型。第二种理论是，建筑都具有依赖于其目的特定的个性。从风格上看，其结果是新

2 考伯特，1619～1683年，法国政治家，曾当过路易十四的顾问。

古典主义。然而，其基本的假设与普金（Pugin）的不合逻辑的命题没有任何差异，这一命题是指哥特建筑代表了真正的基督教建筑，而且因此被不断仿效。他完全忽视了这样的一个事实，即罗马，未受哥特建筑影响，与基督教具有密切的联系，而且拜占庭建筑在数个世纪中且在哥特建筑之前就与东正教具有联系。

　　仍然未被搞清楚的是怎样找到合适的原型，或者怎样在可能相互竞争的原型之间进行选择。勒杜（Ledoux）在巴黎周边修建了一系列的壁垒，同时，他也被卡特勒梅尔任命去负责不加区别地混和多种古代原型，而在这些风格中，没有任何一种看起来可以满足纪念性入口的要求……他暗示道，一个可以仿效的合适的原型，比如凯旋拱门，将会导向对于城市入口而言更为适合的建筑。（韦德勒 vidler，1987 年，P168）

下图
勒杜的建筑，拉梅
（Ramee）编，1847年；
插图 27 表明了《巴黎
的卫城入口》之一

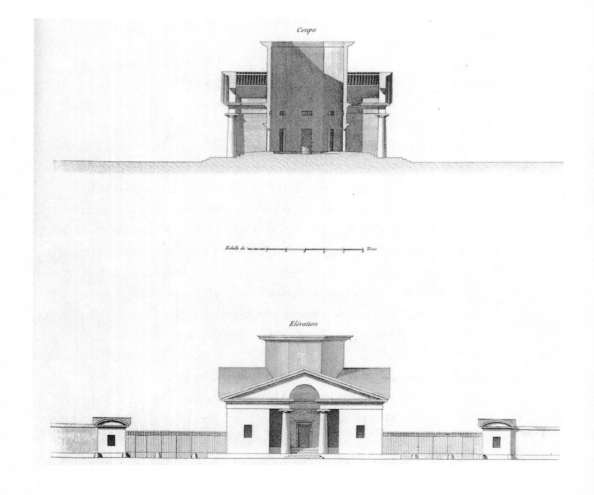

卡特勒梅尔和普金都倾向于连续性而不是创新性。他们两人对所建造的建筑都具有可辨别的影响：一个在新古典主义的例子中，在其他维多利亚哥特式建筑中：议院、法庭，以及教堂的衍生建筑。

在包豪斯，建筑教育以完全不同的假设作为基础。它并不会鼓励学生们去追寻先例，而是鼓励学生从材料的本性和生产技术、功能的约束和抽象艺术的构成模式等方面出发，去创造新的设计。连续性收到嘲笑，而创新性受到鼓励。但是，创新性仍处于一定的被认可的代表性视觉语汇的限制范围之中，因此，在今天我们仍可以辨认出包豪斯的风格。

在《关于建筑十书中的建筑艺术》（On the Art of Building in Ten Books）一书的序言中，阿尔伯蒂表明了这样的主张：

> "…在很大程度上，公众的安全、尊严和荣誉都倚赖于建筑师：正是建筑师对我们在闲暇时的愉悦、娱乐和健康负责，他们对我们在工作时的收入和利益负有责任，简言之，我们以一种高贵的方式生活，而没有任何危险。由于建筑师作品的令人愉悦的优雅、以及它们已经证明是多么的不可或缺、以及由于其创造的好处和便利、以及它们对子孙后代所做的工作，毫无疑问，他们值得受到赞扬和尊重，并且，他们也应该算是那些最值得人们尊敬和赞誉的人。(阿尔伯蒂，1988 年，P5)

然而，建筑师和建筑学不仅需要人们的尊敬和赞誉，而且他们还需要人们对于其工作过程的理解。这不仅仅存在于学院－皇家建筑学院或包豪斯－的教学之中，而且存在于实践中，当我们在处理一个项目的同时，开始于内在的，实际上是不可能被清除的，假设，关于从事设计过程的合适的方式的假设。这些预先存在的倾向强烈地影响着我们处理设计的方式，转而影响着最终的结果。这些倾向中的某些部分来自于我们所接受的教育、某些部分来自于我们的个人性格和偏好，某些部分来自于流行的范例，这些范例又往往限定了被认为是意义重大的，或者，至少是合适的范围。我相信，正如阿尔伯蒂所强调的那样，既然建筑影响着我们生活的许多方面，那么，在任何的情况之下，对建筑的理解都是应引起广泛注意的。

另外，还有一个更深层的，也许最终是更关键的原因：非言语思维远远地超出了建筑学的范围，而是一个极少是要得到许可执照的领域。重要的是了解非言语思维能干什么和不能干什么。而且，在各种不同种类的非言语思维之间，存在着重要的差异。

　　例如，滑稽剧就可以讲述故事和传达情感。滑稽剧之所以能够这样，是因为它夸大了我们在日常生活中，有意识或无意识地，用来传达自身承载的含义或强调词言的肢体语言。某些肢体语言几乎是全球通行的，而另一些却是某种社会所特有的。正是我们对这些喜剧动作的移情作用，我们与那些行为动作的本质联系，才使得通过滑稽剧来讲述一个故事成为可能。而建筑是一种过于抽象的艺术，它过分分离于身体的动作（除了女像柱这一例外），以至于无法模拟人类的行为和情感。有人也许会说，柱子代表着一个支撑重物的人体；但是，它也可能同样代表着树干，或者实际上仅仅代表着自身。我们可以将各种意义归结于直线，垂直的和水平的直线，以及两者的相交，但是这些含义总是含糊的。然而，直线的完整性将会保留下来；由三条直线构成的直角三角形在毕达哥拉斯（Pythagoras）[3]时期和现今具有相同的特性。在艾尔·李西茨基（El Lissitzky）[4] 1919～1920 年间的街头海报"用红色楔形敲击白色"中，三角形也许获得格外的新的含义，成为一种攻击的武器，而并没有失去它最初的特性。其含义取决于视觉上的情境，而在这一例子中，就像其他很多的例子中一样，它的含义取决于毗邻的词语。

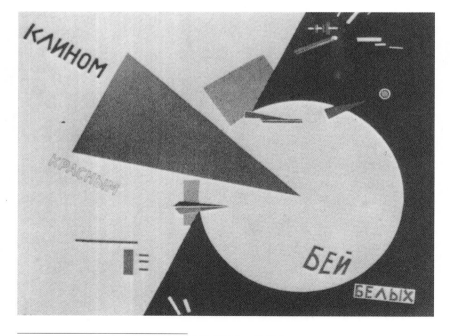

3　毕达哥拉斯，580～500?BC，古希腊哲学家，数学家。
4　艾尔·李西茨基，1890～1941 年，俄国结构主义大师。

看起来很重要的是，尽管我们常常以非言语的方式进行思维，而且也富有成效，但是当我们需要交流想法时，我们几乎总是需要词语来使那些想法准确地表达。我可以画一张图来表达一个设计，而其他人也能够创造一种不同的设计方案来解决同样的问题。我们可以将这些图并排放在一起，但是然后就需要用词语来讨论为什么某一种设计要优于另一种设计。于是，我们就可能（分别地或共同地）回到非言语思维，来创造更多可供选择的设计。或者换言之，我无法像用一张图那样来表达上述的论述，正如同我会发现，极为困难，如果不是不可能的，去用语言明确地创造和呈现一幢住宅的平面和剖面。

这个论点可能看起来是不言自明的。然而，考虑到关于建筑的语言讨论过于经常地忽视建筑物的存在，忽略建筑作为非言语思维的产物，那么仍然要这么一个论述。

批判性的创新

过去的影响是无法避免的，而且完全没有连续性是不可想像的。我们无法使自己免受周围环境对我们的影响；不论是现在还是过去，我们都不能对已有的世界熟视无睹。无论什么情况，现实状况体现了历经千年的磨炼，忽视自亚当和夏娃以来积累的经验是愚蠢的，也是浪费的。

即使最为激进的艺术家也在某些传统中展开工作，而且确实是以此为开端的，即使在今后的生活中背离传统；作品是一个变化的连续体的一部分，在这一连续体中，变化的速度可能会不同，但总是连续存在的。没有人能够完全脱离已有的视觉形象－和文化－环境而前行，而且没有人能够突然创造出一种全新的视觉语言。

相反的假设，即不存在创新，似乎也同样是站不住脚的。这种缺少创新的状况可以由一个假设来解释，即没有新的问题，或者即使有新的问题，也可以用旧的方法来得到满意的解决。然而历史和我们日常的经验却否定了这种主张的可行性，即使有些极端的历史遗产团体似乎认为这是对的，并根据这一原则行动。

一部分困难源自于与所有风格上的答案相互缠绕的象征性方面的内容；相互的联系就是Pugin的备受争议的理论和勒·柯布西耶在《走向新建筑》中的宣言中的理论基础。风格与一段特定的时期相联系，而且成为与那个时代的文化标志物的同义词。例如，当托马斯·杰斐逊（Thomas Jefferson）担任美国第三任总统的时候，他希望本土建筑的发展能够和新兴共和国的发展同步。他鼓励拉特罗布（Latrobe）[1]，华盛顿新国会大厦的建筑师，去创造一种"美国秩序"。拉特罗布给他递交一份以玉米，棉花和烟草种植为基础的首都蓝图；这是一个在古老形式上的谦虚的创新，保持了与一个受赞誉的共和政体的罗马相连续的观念。

创新也表明了某种程度上的乐观主义；并不是所有的答案都已经存在，而且事实上可能还会发现新的、并且可能更为恰当的答案。这种乐观主义是任何一个社会的新鲜血液的必要组成部分，而且也包括建筑乐观主义的表现，因为建筑不仅仅是被动反映社会的一面镜子，而且也是文化的塑造者。出现于20世纪20年代和30年代的建筑思想和表达方面的转变，有意识地倾向于创造一个更为自由、更为平等的社会。尽管现

1　本杰明·亨利·拉特罗布，1764～1820年，英裔美国工程师，美国第一个专业建筑师。

代主义运动在其创作中多数是为富人或接近富人的人建造的别墅，但恰恰是在集合住宅方面，坚信其自身应该进行彻底变革；正是在这里，一个更新更好的世界将会诞生。尽管在形式上完全不同，但勒·柯布西耶的光辉城市（Ville Radieuse）和弗兰克·劳埃德·赖特的广亩城市在根本意图上是相同的。

我们也关注创新，以使我们的预期之眼保持警觉并不至于变得昏沉；也是为了让我们的想像力保持新鲜活泼，防止因重复而感觉厌倦。从某种意义上讲，我们不再欣赏过于熟悉的东西。毕尔巴鄂的古根海姆博物馆中某些在公众方面和专业方面的获得的成功，确实应归因于盖里充满新奇和活力的想像力。

如果正如人们所认为的那样，连续性和创新性都以某种方式存在于设计过程之中，那么存在一种对二者都予以同样的重视以及理性的考量的，关于设计的描述吗？在前文的部分章节中已经表明，类型学倾向于连续性，而由于每个问题所谓的特殊性，决定论暗示着持续的创新。模式语言也极大地强调过去的经验，而不是新颖的解决方法，而匀质空间的观念以及康对服侍空间和被服侍空间的区分也更加关注于设计解决方法，而不是设计过程。正是具有尝试性解决方案和错误排除的中间阶段的从 P_1 到 P_2 的次序，成为了连续性和创新性的具体体现；连续性通过 P_1 来源于对过去和现在的理解这一事实而得到体现，创新性通过需要一种对于 P_1 的新的尝试性的解决方案而得到体现。

为了保持一种平衡状态，错误排除阶段这一步是特别关键的。以背离广泛认可的形式而出现的解答应标明为错误的解答。这并不意味着它们需要改变，因为这会再次抑制创新。批判需要对错误进行校正的观点是很有必要的，因为否则我们就会陷入最微不足道的奇想。创新性的设计与需要想像力一样，需要勇气。

根据品位的不同而定义什么是一种错误是尤其困难的。尽管我们把"品位"一词和18世纪联系在一起，但总是存在着符合于广泛接受的谱系之内的，和那些被认为在谱系之外的视觉形象上的表达。在创新的事物取得具有主导意义的正统地位之前，特别是在最初，创新常常不被人们接受。

在这个过程中，个体的作用肯定是不容低估的。不论我们怎样追求相同的 P_1 到 P_2 的过程－有意识地还是无意识地－，我们都为这一过程带来高度个人化的特质，一种个人的创造性的热情。康和斯卡帕处于同一时代，也都互相赞赏对方的作品。他们解决方法中的差异不单单产生于地域性或任务书，而是来自于他们个人的教育历程和个人的见解。斯卡帕是一位彻底的威尼斯建筑家，他总是关注工艺和细部。然而，当路易斯·康被邀情设计威尼斯的会议中心（the Palazzo dei Congressi）（1968～1974 年）的时候－一个宏伟的集会场所，最初选址于绿园城堡公园（the Giardini Pubblici），后来选址于旧军械库（Arsenale）－，他所设计的图与斯卡帕的作品完全不同[2]。事实上，这和威尼斯的建筑大相径庭，尽管他声称建筑铅皮穹顶与圣马可大教堂的穹顶十分相似。

康和斯卡帕对建筑思想产生了深远的影响，正如他们接受了来自于过去的遗产一样。事实上，正是他们对历史的重视，而没有对其早先形式的肤浅模仿，标志着他们的主要贡献。斯卡帕说，在威尼斯，他处于欧洲和东方的交汇点，尤其受到霍夫曼（Hoffmann）和维也纳分离派的影响，也受到日本建筑以及弗兰克·劳埃德·赖特——赖特自己也从日本艺术和建筑中获益匪浅——的影响。另一方面，康的建筑也许更适合于被描述为"多立克式"：一种来源于对希腊－罗马建筑特征的深刻理解的朴素、完整和严肃的建筑。

在所有的艺术创造中，不同程度的个性特征是显而易见的。由于作品中包含的指示性标志，我们将某一件艺术作品归属于某一位特定的艺术家。即使当代的产品看起来非常近似，这一点也是正确的。

例如，最近，弗兰克·盖里和丹尼尔·里伯斯金是同时代的人，他们对于同一种建筑类型——博物馆——都追求一种非直角正交的建筑，然而却创造了展示其个人化特征的解答。这是这样一个时代——过去的现象将不值得提及，某些公共部门中的评论家并不呼唤一种更为无个性的建筑，并不呼唤一种自觉的因而也是难以实现的地方性。

P$_1$到P$_2$的次序源自于卡尔·波普尔[3]界定科学本质和描述重要研究

下图
路易斯·康，会议中心（Palazzo del Congressi），威尼斯，意大利1968～1974 年；透视图，1970 年

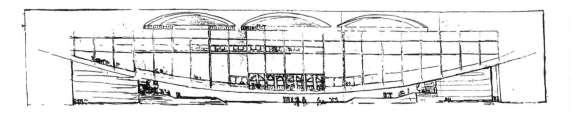

2　路易斯·康.李大厦，中国建筑工业出版社，1993 年，P18～22.

3　卡尔·波普尔，生于 1902 年，英国著名哲学家，以历史主义的批判而闻名于世，为推动人们对科学推理的理解作出了巨大贡献。作品主要有《科学发现的逻辑》（1931 年）和《开放社会及其敌人》（1945 年）。

工作的特征的尝试。富有争议的成果之一是科学和非科学的分界线，是科学总是可能被证错的。他反对业已被普遍接受的观点，即科学理论代表了最终的真理。在波普尔看来，科学理论仅仅是在某一特定时间，最好的和最严密确证的论述。分界线决不暗示着一种价值判断；两方面都很重要。波普尔充分明确了一点："人们已经创造了一个崭新的世界——有关语言、音乐、诗歌和科学的崭新世界；而在这些当中，最重要的是有关道德要求的世界，为平等，为自由，为帮助弱者的世界"（波普尔，1944/1966年）。艺术－以及建筑－也许它也应该被包括于其中。

　　显而易见，作为一个整体，建筑是不能被证错的。我们不能确定地将一幢建筑的结构、功能、服务设施、外观、象征和众多的其他方面一起，全部被证伪，因而使建筑整体上作废。建筑学稳固地处于分界线非科学的一侧。所有以往那些声称建筑学是一门科学的观点都已经失败。

　　然而，或许是自相矛盾的，一种认为科学研究的次序和设计过程的次序具有很多相似之处的主张正在形成。实际上，我认为它代表着我们所能找到的最接近的相似物。我不是惟一持有这一观点的人。恩斯特·贡布里希（Ernst Gombrich）在他的1956年关于梅隆演讲的"可见世界和艺术语言"（Art and Illusion 后来成书为《艺术与错觉》）中讲道：

> "显著地，关于科学运作方式的描述也适用于艺术中视觉发现的经历。事实上，我们图解和修正的规则就阐明了这一真实的程序。你必须要有一个起点，一个比较的标准，这样，你才能启动创造、匹配和再创造的过程，而这一过程都将在最终完成的形象中得到具体体现。艺术家不能从乱涂乱画开始，但是他却可以（从）批判前人（开始）。"

> （贡布里希，1960/1977年，P272）

　　贡布里希主要在讨论画家的工作，而且他的例子也来自于绘画和制图。但是，他的观点对建筑也是同样恰当的。

　　科学研究与设计过程之间的一致性也许与科学与建筑之间的相似性无关，但却源自于二者都是研究过程这一事实。可以证明的是，二者都是在找寻某些对未来结果的阐释；这些事件都不是随机发生的。

　　贡布里希把他的观点总结为艺术家"可以批判他们的前人"。而实际上，他必须如此。部分地，这是为了克制出于其自身的兴趣而简单地创造新奇的事物。作为一个准则，这在建筑迈向未来的手段中具有很低的价值。可是，这主要是为了创造那些满足现今的需求，身体上的和情

上图
弗兰克·盖里事务所，
圣莫尼卡工作室，
1994 年

感上的实验，以及那些可以持续到未来的实验。这并不是主张一个进化的次序；建筑不是'改良的'，或'发展的'，它仅仅是在某一特定时间内的实验。如果这一点可以留存下来，那么以历史的标尺来判断，它就已经是一个适当的假说了。

例如，当哥特式在 12 世纪起源于巴黎近郊（LLE-DE-FRANCE）时，它就被证明是一种大胆而强健的创新。它延续了近 400 年，并流传到德国、英格兰，后来流传到西班牙，在意大利稍微有些减弱。它复兴于 19 世纪。在另一方面，后现代主义是 20 世纪末一段短暂的恶作剧，而且它似乎没有留下可辨识的痕迹。看起来，错误排除步骤也发生于一个时间更长的时间周期中，而不是发生于一个单独的设计项目中。

对于建筑而言至关紧要的是，批判可能也会发生于各种不同的阶段，而且它是过程中的必要步骤之一。在建筑以外的领域，它甚至可能更为重要，而在政治中没有什么比批判更重要。在过去的 100 年中，由于一种不受挑战的信仰，一种不接受批判而得到纠正的信仰，最糟糕的暴行也已经上演了。专政的本质就是对批判的镇压；民主是－或者应该是－批判的可能性和对批判的鼓励。或者举一个可能有些夸张的观点，我们设计的方式——我们认识问题、产生尝试性的预测、这需要处于批判的环境之中，这是目前成为依然存在的最好的解答——可能作为对于引导政治行为的模型。如果现今的时代是一个民主的时代，那么由此推论，它必然也是一个批判的时代。

后记

　卡洛·斯卡帕经常被称为"建筑诗人";马丁·海德格尔(Martin Heidegger)[1]声称"所有的艺术……本质上都是诗"。看起来,我们倾向于将艺术的最高成就、特别是其情感上的满足与诗歌,一种语言交流形式,等同对待。这也许是可以追溯到荷马(HOMER)[2]的历史遗产。

　在过去的60年中——确实少于一个世纪——对视觉上的交流,尤其是对远距离的视觉交流,出现了新的强调。直到最近,配有插图的书籍和期刊杂志是视觉信息的惟一传播途径。所有的一切都产生了急剧的变化;我们现在从视觉上吸收比以前更有序的信息。建筑学从这一变化中受益良多。通过在视觉媒介中的传播,建筑正在成为一个更流行的、更多讨论,更受关注的话题。结果上它也许还变成了一个更重要的话题。

　但是,建筑自身就是一种视觉媒介,因此它也是当前视觉革命的参与者。可视化的电子手段、计算机辅助设计,以及随后这些可视化向制造过程的直接转入,计算机辅助设计以及后来的将这些视觉形象直接转化为制造过程(计算机辅助制造)极大地改变了这一程序,并就像日常发生的事情一样,使绘图技能几乎消亡。虚拟现实加速了变化的速度,并且可能会继续下去。电子可视化将会扩大可能的范围,就像在毕尔巴鄂古根海姆博物馆或是伦敦千禧年穹隆的案例中那样。在理智上,我们也许知道这些建筑大大依赖于电脑辅助设计,但是,我并不相信我们在感性上也了解这些;当我们观看建筑时,我们并不会说这是电脑绘制,那是手工绘制。

　因此,我认为建筑中和其他领域中的设计过程,尤其是设计过程的步骤程序,都有其毫无变化的本质属性。建筑不仅在周围庇护着我们,而且也总是文化的一部分,具有现在和未来的过去历史的一部分。建筑与我们的历史相互交织,并且数千年来,它已经成为了历史经纬的一部分。从这点看,在其自身的领域之外,建筑学也可以成为范例。

1　马丁·海德格尔,1889~1976年,德国哲学家,认为只有意识到人存在的暂时性才能领悟存在的真谛。主要著作有《存在与时间》(1927年),他对萨特及其他存在主义哲学家都有很大的影响。

2　荷马,公元前9世纪前后的希腊盲诗人,《伊利亚特》和《奥德塞》的作者。

注解（附记）

　　和建筑一样，书也有先例。在这本书中讨论的许多主题，都以先前不同的变化形式进行过探究。这些先辈中最主要的当属卡尔·波普尔的著作，这一著作支持了我在《从构思到建造》（布劳恩 Brawne，1992年）一书中的论点。一个高度浓缩的摘要把此书描述为"对于影响最初的设计决策的假设，和对于从开端到居住建筑的发展过程的，一种批判性的观点，也是对设计过程的普遍含义的分析。"

　　在由 P·G·拉曼（P.G Raman）组织的 1997 年 11 月在爱丁堡大学的建筑系举行的座谈会上，连续和变化的同时并存是我谈论的主题。杰夫里·巴瓦（Geoffrey Bawa）在斯里兰卡的作品阐明了这个已经被提出的观点，我曾在《建筑评论》的数篇文章中描述过他的建筑。关于平面美学和建筑图画的本质特点的观念形成于在爱丁堡大学举办的另一次研讨会上，而且最终发表于《空间与社会》（Space & Society）杂志 1988 年第 44 期。

　　在 1994 年 2 月在普次茅斯大学的一次座谈会中，我就已经讨论了波普尔的观念对于教育的适用性。会议记录后来发表于马丁·皮尔斯（Martin Pearce）和玛吉·托伊（Maggie Toy）编辑的 1995 年《建筑师教育》（Educating Architects）之中。

　　在这篇短文中出现的许多主题也同时是我在各个地方所开设的讲座的主题，特别是在剑桥大学和巴斯大学，我在这两所大学中授课多年。然而教学总是与建筑实践同步并行。我坚信和其他学科一样，教学需要与研究相结合。设计，以及对将设计转化为建筑的控制过程是建筑研究的核心内容；设计和建筑是密不可分的。这是我在 1995 年《建筑研究季刊》冬季号（Architectural Research Quarterty）中所讨论的主题。

　　我欠了许多人情。主要应感谢那些热心地提供建筑插图和授权使用图片的建筑师；还要感谢建筑出版社里的那些一直给予我鼓励的编辑们，他们是艾莉森·耶茨（Alison Yates）、利兹·怀廷（Liz Whiting）和杰基·霍尔丁（Jackie Holding）；玛丽·塔平（Mari Tapping）为辨认我愈发潦草的字迹吃尽了苦头；我要感谢我的儿子皮特（PETER），他在书的排版和封面设计上帮了很大的忙；最衷心的感谢给予我的妻子夏洛特·巴登·鲍威尔（Charlotte Baden-Powell），她是一位建筑师，还阅读了校样，并提出了建议，她更是在此书的后期写作时期，当我卧病在床时，担当了我的护理员。

参考文献

Adorno, Theodor (1979) *Functionalism today* translated by Jane Newman & John Smith, *Oppositions*, no. 17, Summer (pp. 30–41)

Alberti, Leon Battista (1988) *On the Art of Building in Ten Books*, translated by Joseph Rykwert, Neil Leach & Robert Tavernor, Cambridge, Mass

Alexander, Christopher *et al.* (1977) *A Pattern Language, Towns, Buildings, Construction*, New York

Arnell, Peter & Bickford, Ted (eds) (1985) *Frank Gehry: Buildings & Projects*, New York

Bamford, Greg (2002) 'From analysis/synthesis to conjecture/ analysis: a review of Karl Popper's influence on design methodology in architecture', *Design Studies*, Vol. 23, no. 3, May

Brawne, Michael (1992) *From Idea to Building: issues in architecture*, London

Brawne, Michael (1998) *The Getty Center*, London

Brawne, Michael (1999) Interview with Richard Meier in 'Inspired by Soane'. Catalogue of the exhibition in the Sir John Soane Museum (ed. Christopher Woodward). London

Brawne, Michael (1994) *University of Virginia: The Lawn*, London

Bruggen, van Coosje (1997) *Frank O. Gehry: Guggenheim Museum Bilbao*, New York

Cold, Birgit (1995) 'Tree of the sketch' in *Educating Architects* (eds Martin Pearce & Maggie Toy), London

Correa, Charles (1996) *Charles Correa*, London

Daley, Janet (1969) 'A philosophical critique of behaviourism in architectural design' in *Design Methods in Architecture* (eds. Geoffrey Broadbent & Anthony Ward), Architectural Association paper, no. 4, London

Dodwell, Edward (1819) *A Classical & Topographical Tour through Greece, During the Years 1801, 1805 & 1806*, London. Quoted in Gottfried Semper, *The Four Elements of Architecture & other writings*, translated by Mallgrave & Hermann, Cambridge 1989

Drexler, Arthur (1955) *The Architecture of Japan*, New
    York
Evans, Robin (1986) 'Translations from drawing to building',
    AA Files, no. 12, London
Fawcett, Chris (1980) 'Colin St J Wilson' in *Contemporary
    Architects*, London
Fletcher, B.C. (1943) *A History of Architecture: On the
    Comparative Method*, Charles Scribner's Sons,
    New York, 11th edn
Foster, Norman (1996) 'Carré d'Art' in *The Architecture of
    Information* (ed. Michael Brawne), London
Gaskell, Ivan (2000) *Vermeer's Wager: Speculations on Art
    History, Theory & Museums*, London
Gideon, Sigfried (1954) *Space, Time and Architecture: the growth
    of a new tradition*, 3rd edition, Oxford University Press,
    London
Gimpel, Jean (1993) *The Cathedral Builders* (translated from the
    French by Michael Russell), London
Girouard, Mark (1998) *Big Jim: the Life & Work of James Stirling*,
    London
Gombrich, E.H. (1960/77) *Art and Illusion*, Oxford
Hays, K. Michael (ed.) (2000) *Architecture Theory Since 1968*,
    Cambridge, Mass
Isaacs, Jeremy (2000) 'Wunderkind' in *The Royal Academy
    Magazine*, no. 68, Autumn, London
Johnson, Eugene V. & Lewis, Michael J. (1996) *The Travel
    Sketches of Louis I. Kahn*, Cambridge, Mass
Johnson, N.E. (1975) *'Light is the Theme'*, Fort Worth, Texas
Kruft, Hanno-Walter (1994) *A History of Architectural Theory
    from Vitruvius to the Present*, London
Latour, Alessandra (1991) *Louis I. Kahn: writings, lectures &
    interviews*, New York
LeCuyer, Annette (1997) 'Building Bilbao' in *Architectural
    Review*, December
Leiviskä, Juha (1999) *Juha Leiviskä*, Helsinki

Libeskind, Daniel (1992) 'Between the Lines' in *Extension to the Berlin Museum with Jewish Museum Department* (ed. Kristin Feireiss), exhibition catalogue, Berlin

McLaughlin, Patricia (1991) 'How am I doing, Corbusier' in *Louis I. Kahn: writings, lectures, interviews* (ed. Alessandra Latour), New York

Meier, Richard (1997) *Building the Getty*, New York

Moore, C., Allen, G. and Lyndon, D. (2001) *The Place of Houses*, University of California Press, California

Mostafavi, Mohsen & Leatherbarrow, David (1993) *On Weathering: the Life of Buildings in Time*, London

Mumford, Lewis (1940) *The Culture of Cities*, London

Nairn, Janet (1976) 'Frank Gehry: the search for a "no rules" architecture', *Architectural Record*, June

Neuhart, John, Neuhart, Marilyn & Eames, Ray (1989) *Eames Design, the work of the office of Charles & Ray Eames*, New York

Pearce, M. and Toy, M. (1995) *Educating Architects*, Academy Editions, UK

Piano, Renzo (1997) *The Renzo Piano Logbook*, London

Popper, K.R. (1944/66) *The Open Society & its Enemies*, London

Popper, K.R. (1972) *Objective Knowledge, an Evolutionary Approach*, London

Rice, Peter (1994) *An Engineer Imagines*, London

Robbins, Edward (1994) *Why Architects Draw*, Cambridge, Mass

Robertson, D.S. (1943) *A Handbook of Greek & Roman Architecture*, 2nd edition, Cambridge

Rosenfeld, Myra Nan (1977) 'The Royal Building Administration in France from Charles V to Louis IV' in *The Architects: Chapters in the History of the Profession* (ed. Spiro Kostof), New York

Rykwert, Joseph (1996) *The Dancing Column; on Order in Architecture*, Cambridge, Mass

Scully, Vincent (1962) *The Earth, the Temple & the Gods*, New Haven & London

Semper, Gottfried (1851) 'On the Study of Polychromy, & its Revival' in *The Museum of Classical Antiquities: a Quarterly Journal of Architecture & the Sister Branches of Classical Art*, no. III, July, John W. Parker & Son, West Strand, London

Sinclair, Eddie (1991) 'The West Front Polychromy' in *Medieval Art & Architecture at Exeter Cathedral*, British Archaeological Association Conference Transactions, no. 11

Slater, William (1856) 'Design for an Iron Church', *The Ecclesiologist*

Sturgis, Alexander (2000) 'Telling Time' (National Gallery catalogue), London

Summerson, John (1963) *Heavenly Mansions & other Essays on Architecture*, New York

Summerson, John (1963) *The Classical Language of Architecture*, London

Vernon, M.D. (1962) *The Psychology of Perception*, Harmondsworth

Vidler, Anthony (1987) *The Writing of the Walls*, London

Vitruvius (1983) *De Architectura*, Books 1–10 (translated by Frank Granger) Cambridge, Mass

Vogt-Göknil, Uliya (1993) *Sinan*, Tübingen

Weston, Richard (2002) *Jørn Utzon*, Hellerup

Williams, Harold M., Lacey, Bill, Rowntree, Stephen D. & Meier, Richard (1991) *The Getty Center: Design Process*, Los Angeles

Williams, Harold M., Huxtable, Ada Louis, Rowntree, Stephen D. & Meier, Richard (1997) *Making Architecture: the Getty Center*, Los Angeles

Wilson, Colin St John (1992) *Architectural Reflections*, London

Wilson, Colin St John (1996) 'The British Library, London' in *The Architecture of Information* (ed. Michael Brawne) London

Wurman, Richard Saul (1986) *What Will Be Has Always Been: The Words of Louis I Kahn*, New York

词汇对照

A

Aalto, A., 阿尔瓦·阿尔托

Adorno, Th., 阿多尔诺

Alberti, L.B., 利昂·巴蒂斯塔·阿尔伯蒂

Alberobello, 阿尔贝罗贝洛

Alexander, Christopher, 克里斯托弗·亚历山大

Ames, Experiments, 埃姆斯实验

Antonella da Messina, 安东尼利亚·达·墨西拿

Arup, Ove & Partners, 阿鲁普事务所

Assam Brothers, 阿萨姆兄弟

Athos, Mount, 阿陀斯山

B

Bacon, Francis, 弗朗西斯·培根

Bagsvaerd Church, 巴格斯法尔德教堂

Bath, 巴斯

Bauhaus, 包豪斯

Behnish & Partners, 贝尼施及合伙人事务所

Beidha, 贝达

Benjamin, W., 沃尔特·本杰明

Beyeler, Ernst, Collection, 恩斯特·拜尔勒藏馆

Borromini, F., 弗朗西斯科·博洛米尼

Brion tomb, 布里昂家族墓园

British Museum Library, 大不列颠博物图书馆

Buckminster, Fuller, 巴克敏斯特·富勒

Bryn Mawr College, 布林莫尔学院

C

CAD(Computer Aided Design), 计算机辅助设计

Carcassone, 卡尔卡松

CATIA, CATIA 软件

Centre Pompidou, 蓬皮杜中心

Chambers, Sir W., 威廉·钱伯斯爵士

Choisy, 舒瓦西

Civic Centre, Liverpool, 利物浦，市民中心

Colour, 色彩

Correa, C., 查尔斯·柯里亚

Crown Hall, 克朗楼

Cullinan, E., 爱德华·卡里南

D

Davies, M., 马克·戴维斯

Descartes, 笛卡儿

Design methodology, 设计方法论

Determinism, 决定论

Dulwich Picture Gallery, 达利奇美术馆

Pugin, A.W.N., A·W·N·普金

Q

Quatremere de Quincy, 卡特勒梅尔·德·昆西

Queen Hatshepsut, 哈特谢普苏特王后

R

Renzo Piano, 伦佐·皮亚诺

Rice, P., 皮特·赖斯

Richards Medicinal Laboratories, 理查兹医学实验楼

Richard Rogers Partnership, 理查德·罗杰斯事务所

Robbins, E., 爱德华·罗宾斯

Rogers, Richard, 理查德·罗杰斯

Rome, 罗马

Rossi, A., 阿尔多·罗西

Royal Building Administration, 皇家建筑行政机构

Ruskin, 拉斯金

Rykwert, J., 约瑟夫·里克沃特

S

Saarinen, E., 埃罗·沙里宁

Sartoris, A., 阿尔伯托·萨尔托里斯

San Gimignano, 圣吉米纳诺

St Barbara, Kutná Hora, 库特纳霍拉, 圣巴巴拉

St Jerome in his Study, 在书房中的圣哲罗姆

Scarpa, C., 卡洛·斯卡帕

Scharoun, H., 汉斯·夏隆

Schinkel, K.F., 卡尔·弗雷德里西·申克尔

Selimiye Mosque, 塞利米耶清真寺

Semper, G., 戈特弗里德·森帕

Senmut, 桑曼

Serra, Richard, 理查德·塞拉

Served and servant spaces, 服侍与被服侍空间

Sinan, 希南

Soane, Sir John, 约翰·索恩爵士

Soane, Sir John's home, 约翰·索恩爵士的家

Stereo vision, 立体视觉

Stirling, J., 詹姆斯·斯特林

Summerson, J., 约翰·萨默森

Sydney Opera House, 悉尼歌剧院

T

Tange, K., 丹下健三

Tavernor, R., 罗伯特·塔韦诺

Topkapi 'Serai'

Tscernichow, J.G., 雅各布·G·切尔尼霍

Typology, 类型学

U

Uffizi, Florence, 乌菲齐, 佛罗伦萨

Urban farmyard, 城市村庄

Utzon, J., 约翰·伍重

译后记

　　迈克尔·布劳恩认为，论证建筑师的思考及决策过程是一项艰巨的任务，而这对于理解建筑设计的长期发展过程是至关重要的。令人遗憾的是，这种对设计活动的讨论却相对匮乏。在当今中国建筑活动的热潮中，关于建筑设计及其理论的著述日益增多，却往往忽视了对建筑设计过程、设计思考方式、设计工具及媒介的理论思考。本书正是以对于设计活动本身的思考和认识为主题，阐释了设计的必要性和本源性活动的建筑理论。就这一层面而言，本书具有极为重要的理论和实践意义。

　　在书中，作者通过对众多历史建筑成就、理论著作和现代建筑作品的讨论，借鉴波普尔关于科学研究的理论成果，充分论述了在设计过程中，理论与实践、传统连续与批判创新、地方性和风格化、非言语思考方式和言语思考方式的辩证关系；作为思考及交流工具媒介的图纸、语言的基本属性；旅行、书籍和记忆的关键作用；在学校的教学活动和事务所的工作实践的差异；及其对于设计过程、思考方式及设计成果的影响。而且，作者还将建筑学的讨论拓展到其他设计领域，并从哲学、历史学、语言学、心理学等多学科的视角，深入探究了设计活动的过程、步骤及设计者思维方式的本质特征。

　　译文的完成，首先要感谢导师——东南大学建筑学院王建国教授的大力支持和热心指导，先生于百忙之中亦对译文进行了详细的梳理和修订。还要感谢许念飞为非英语外文词汇的翻译提供的极大帮助，以及编辑程素荣女士为本书版权的引进、译文的审定所付出的大量心血。

　　尽管本书并非一部结构宏大的理论巨著，但所涉及的内容却十分广博，引征的实例也相当丰富，而且充满了批判性的哲学思辨，这也为翻译带来了一定的困难。加之译者学识有限，因而对原文本意的误读与曲解、文字表达的粗疏与遗漏恐在所难免，还望诸位读者和学人不吝指正。惟愿本书能够帮助广大学子及专业人员进一步认识设计活动过程的本质属性，逐步加强对于自身学习及设计实践的哲学批判和理论思考，是为译者的最大心愿。

译者
2006 年 7 月
于南京东南大学